MATHÉMAT
Et
APPLICATIONS

Directeurs de la collection :
J. Garnier et V. Perrier

70

For further volumes:
http://www.springer.com/series/2966

MATHÉMATIQUES & APPLICATIONS

Comité de Lecture 2012–2015/Editorial Board 2012–2015

Directeurs de la collection :
J. GARNIER et V. PERRIER

Jean-Baptiste Hiriart-Urruty

Bases, outils et principes
pour l'analyse variationnelle

 Springer

Jean-Baptiste Hiriart-Urruty
Institut de Mathématiques de Toulouse
Université Paul Sabatier
Toulouse
France
http://www.math.univ-toulouse.fr/∼jbhu/

ISSN 1154-483X
ISBN 978-3-642-30734-8   ISBN 978-3-642-30735-5 (eBook)
DOI 10.1007/978-3-642-30735-5
Springer Heidelberg New York Dordrecht London

Library of Congress Control Number: 2012945471

Mathematics Subject Classification (2010): 49-01; 65K; 90C; 93-01

Springer est membre du groupe Springer Science+BusinessMedia (www.springer.com)

Avant-propos

Ceci est un cours, pas un ouvrage de recherche où on serait tenté de compiler toutes les connaissances acquises sur le sujet...

Ceci est un cours, donc principalement destiné à des étudiants en formation, lesquels ont un temps limité à consacrer au sujet et ont à suivre d'autres cours dispensés en parallèle...

Ceci est un cours, donc restreint à l'essentiel (et à ce qui résiste au temps) dans le domaine concerné.

C'est au niveau Master 2 Recherche que se place ce cours, en premier semestre, d'une durée de 25-30 heures (hors travail sur les exercices proposés et travail personnel). Comme l'indique le titre, ce sont *les bases, quelques principes et outils pour l'analyse variationnelle* qui sont proposés à l'étude. Par "analyse variationnelle" nous entendons "toute situation où il y a quelque chose à minimiser sous des contraintes". Nous aurions pu utiliser le vocable générique d'optimisation, ce qui revient à peu près au même, et d'ailleurs il nous arrive d'utiliser les deux vocables accolés : analyse variationnelle et optimisation.

Un cours de premier semestre comme celui-ci est suivi (en deuxième semestre) par des cours plus spécialisés sur le contrôle optimal ou le traitement mathématique des images (domaine très gourmand en connaissances sur les bases, outils et principes pour l'analyse variationnelle).

Nous souhaitons un travail intéressant et fructueux aux lecteurs-étudiants qui se lanceront dans l'étude de ce cours.

Toulouse, Avril 2010   J.-B. Hiriart-Urruty

Ouvrages récents du même auteur

- J.-B HIRIART-URRUTY. *Les mathématiques du mieux faire. Vol. 1 : Premiers pas en optimisation*. Collection Opuscules, Éditions ELLIPSES (décembre 2007), 144 pages.
- J.-B HIRIART-URRUTY. *Les mathématiques du mieux faire. Vol. 2 : La commande optimale pour les débutants*. Collection Opuscules, Éditions ELLIPSES (janvier 2008), 176 pages.
- J.-B HIRIART-URRUTY. *Optimisation et Analyse convexe* (résumé de Cours, exercices et problèmes corrigés). Collection Enseignement SUP Mathématiques, Éditions EDP SCIENCES (mars 2009), 344 pages.
  Réimpression d'un ouvrage de 1998 (publié dans une autre maison d'éditions).
- D. AZÉ, G. CONSTANS ET J.-B HIRIART-URRUTY. *Calcul différentiel et équations différentielles* (exercices et problèmes corrigés). Collection Enseignement SUP Mathématiques, Éditions EDP SCIENCES (février 2010), 224 pages.
  Réimpression d'un ouvrage de 2002 (publié dans une autre maison d'éditions).
- D. AZÉ ET J.-B HIRIART-URRUTY. *Analyse variationnelle et optimisation* (éléments de Cours, exercices et problèmes corrigés). Éditions CEPADUES (2010), 332 pages.

Introduction

- *"Rien de si pratique... qu'une bonne théorie."*

    Hermann Von Helmholtz (1821-1894).

- *"Les théories ne sauraient avoir la prétention d'être indestructibles. Elles ne sont que la charrue qui sert au laboureur pour tracer son sillon et qu'il lui sera permis de remplacer par une plus parfaite au lendemain de la moisson. Être ce laboureur dont l'effort a pu faire germer une récolte utile au progrès scientifique, je n'avais jamais envisagé d'ambition plus haute."*

    Paul Sabatier (1854-1941), lors de son
    discours à l'occasion de la remise
    du Prix Nobel de chimie 1912.

- *"La lumière ne doit point venir que de Paris, mais aussi de la province."*

    Paul (et non Patrick) Sabatier.

- *"Rédigez votre cours d'un bout à l'autre, comme pour l'impression : vous apprécierez la différence entre ce qui ne laisse de trace que dans les cahiers d'élèves et ce qu'on destine au public."*

    Henri Bouasse (1866-1953), qui fut
    professeur de physique à la Faculté des
    Sciences de Toulouse de 1892 à 1937.

- *"Les mathématiciens qui rédigent mal sont de mauvais mathématiciens"*

    René Baire (1874-1932).

Table des matières

**1 - PROLÉGOMÈNES : LA SEMICONTINUITÉ INFÉRIEURE ;
LES TOPOLOGIES FAIBLES ;
- RÉSULTATS FONDAMENTAUX D'EXISTENCE
EN OPTIMISATION.** 1

    1   Introduction 1

    2   La question de l'existence de solutions 1

        2.1   La semicontinuité inférieure 2

        2.2   Des exemples 5

        2.3   Un résultat standard d'existence 8

    3   Le choix des topologies. Les topologies faibles sur un espace
vectoriel normé. 10

        3.1   Progression dans la généralité des espaces de travail 10

        3.2   Topologie faible $\sigma(E, E^*)$ sur E 12

        3.3   Le topologie faible-$*$, $\sigma(E^*, E)$ (weak-$*$ en anglais) 13

        3.4   L'apport de la séparabilité 16

        3.5   Un théorème fondamental d'existence en présence
de convexité. 16

    Références 24

**2 CONDITIONS NÉCESSAIRES D'OPTIMALITÉ
APPROCHÉE** 25

    1   Condition nécessaire d'optimalité approchée ou principe
variationnel d'EKELAND. 26

        1.1   Le théorème principal : énoncé, illustrations, variantes . . 26

        1.2   La démonstration du théorème principal 30

        1.3   Compléments 34

    2   Condition nécessaire d'optimalité approchée ou principe
variationnel de BORWEIN-PREISS 37

        2.1   Le théorème principal : énoncé, quelques illustrations . . . 37

    2.2   Applications en théorie de l'approximation hilbertienne   42

3   Prolongements possibles.   53

Références   58

3   -AUTOUR DE LA PROJECTION SUR UN CONVEXE FERMÉ;
     -LA DÉCOMPOSITION DE MOREAU.   59

    1   Le contexte linéaire : la projection sur un sous-espace vectoriel
        fermé (Rappels).   60

        1.1   Propriétés basiques de p_V.   60

        1.2   Caractérisation de p_V.   60

        1.3   La "technologie des moindres carrés"   61

    2   Le contexte général : la projection sur un convexe
        fermé (Rappels).   62

        2.1   Caractérisation et propriétés essentielles   63

        2.2   Le problème de l'admissibilité ou faisabilité convexe
               (the "convex feasibility problem").   65

    3   La projection sur un cône convexe fermé. La décomposition
        de MOREAU   68

        3.1   Le cône polaire.   68

        3.2   Caractérisation de $p_K(x)$; propriétés de p_K ;
               décomposition de Moreau suivant K et $K°$.   72

    4   Approximation conique d'un convexe. Application
        aux conditions d'optimalité.   77

        4.1   Le cône tangent   77

        4.2   Application aux conditions d'optimalité.   80

Références   84

4 ANALYSE CONVEXE OPÉRATOIRE   85

    1   Fonctions convexes sur E.   86

        1.1   Définitions et propriétés.   86

        1.2   Exemples.   88

    2   Deux opérations préservant la convexité.   91

        2.1   Passage au supremum   91

        2.2   Inf-convolution.   91

    3   La transformation de Legendre-Fenchel   95

        3.1   Définition et premières propriétés   95

        3.2   Quelques exemples pour se familiariser avec le
               concept   96

        3.3   L'inégalité de Fenchel.   98

        3.4   La biconjugaison.   98

        3.5   Quelques règles de calcul typiques   99

    4   Le sous-différentiel d'une fonction   100

        4.1   Définition et premiers exemples   100

        4.2   Propriétés basiques du sous-différentiel   102

4.3   Quelques règles de calcul typiques   105
4.4   Sur le besoin d'un agrandissement de ∂f   108
5   Un exemple d'utilisation du sous-différentiel : les conditions
      nécessaires et suffisantes d'optimalité dans un problème
      d'optimisation convexe avec contraintes.   108
Références   116

**5 QUELQUES SCHÉMAS DE DUALISATION DANS DES
     PROBLÈMES D'OPTIMISATION NON CONVEXES**   117
1   Modèle 1 : la relaxation convexe.   118
      1.1   L'opération de "convexification fermée"
              d'une fonction   118
      1.2   La "relaxation convexe fermée"
              d'un problème d'optimisation $(\mathscr{P})$ 119
2   Modèle 2 : convexe + quadratique.   125
3   Modèle 3 : diff-convexe.   129
Références   140

**6 SOUS-DIFFÉRENTIELS GÉNÉRALISÉS DE FONCTIONS
     NON DIFFÉRENTIABLES**   141
1   Sous-différentiation généralisée de fonctions
      localement Lipschitz   142
      1.1   Dérivées directionnelles généralisées et
              sous-différentiels généralisés au sens de CLARKE:
              Définitions et premières propriétés   144
      1.2   Sous-différentiels généralisés au sens de CLARKE:
              Règles de calcul basiques.   150
      1.3   Un exemple d'utilisation des sous-différentiels
              généralisés : les conditions nécessaires
              d'optimalité dans un problème d'optimisation
              avec contraintes   153
      1.4   En route vers la géométrie non lisse   156
2   Sous-différentiation généralisée de fonctions s.c.i. à valeurs
      dans $\mathbb{R} \cup \{+\infty\}$ 158
      2.1   Un panel de sous-différentiels généralisés   158
      2.2   Les règles de va-et-vient entre Analyse et Géométrie
              non lisses.   161
Références   166

Index   169

Chapitre 1
- PROLÉGOMÈNES : LA SEMICONTINUITÉ INFÉRIEURE ; LES TOPOLOGIES FAIBLES ; - RÉSULTATS FONDAMENTAUX D'EXISTENCE EN OPTIMISATION.

"Analysis is the technically most successful and best-elaborated part of mathematics." J. VON NEUMANN (1903-1957)

1 Introduction

Considérons un problème d'optimisation ou variationnel général formulé de la manière suivante :

$$(\mathscr{P}) \begin{cases} \text{Minimiser } f(x), \\ x \in S. \end{cases}$$

où $f : E \to \mathbb{R} \cup \{+\infty\}$ et $S \subset E$. L'objet de ce chapitre introductif est de rappeler les notions et résultats nécessaires conduisant à l'*existence* de solutions dans $(\mathscr{P})$. On s'occupera donc de ce qu'il faut supposer sur f (la semicontinuité inférieure) et sur S (compacité). Il faudra notamment jouer avec diverses topologies sur E, les topologies faibles notamment. On rappellera à cette occasion le rôle et l'apport de la convexité, aussi bien sur S que sur f.

Points d'appui / Prérequis :
- Analyse réelle (Topologie ; Analyse fonctionnelle) ;
- Convexité de base.

2 La question de l'existence de solutions

Soit (E, τ) un espace topologique et $f : E \to \mathbb{R} \cup \{+\infty\}$ $(=]-\infty ; +\infty])$, un contexte très général donc.

J.-B. Hiriart-Urruty, *Bases, outils et principes pour l'analyse variationnelle*, Mathématiques et Applications 70, DOI: 10.1007/978-3-642-30735-5_1,

2.1 *La semicontinuité inférieure*

Définition 1.1 (**Rappel**) On dit que f est semicontinue inférieurement (s.c.i. en abrégé) *en $x \in E$* lorsque

$$\liminf_{y \to x} f(y) \geq f(x),$$

c'est-à-dire :

$\forall \epsilon \geq 0, \exists \, V$ voisinage de x tel que $f(y) \geq f(x) - \epsilon$ pour tout $x \in V$.
$$(1.1)$$

Naturellement, la notion dépend de la topologie τ considérée sur E (via le voisinage V dans l'explicitation (1.1)).

Conséquence :

Si (une suite) (x_k) a pour limite x (ou bien, $x_k \to x$ dans (E, τ)) alors

$$\liminf_{k \to +\infty} f(x_k) \geq f(x) \qquad (1.2)$$

(notion plus "palpable" que celle exprimée en (1.1)). Il y a équivalence avec la propriété donnée en définition générale lorsque la topologie τ est métrisable (et non... méprisable).

La semicontinuité est une notion introduite par le mathématicien français René BAIRE[1], c'est en quelque sorte la moitié de la continuité dont on a besoin lorsqu'il s'agit de minimiser. L'autre moitié est assurée par la semicontinuité supérieure (s.c.s.) : f est dite s.c.s en x lorsque $-f$ est s.c.i en x. Comme on s'y attend, dire que f est continue en x (en lequel f est finie) équivaut à dire que f est à la fois s.c.i et s.c.s en x.

Définition 1.2 (**Globalisation de la précédente**)
f est dite *s.c.i sur E* lorsque f est s.c.i en tout point x de E.

Attention, piège ! Il faut assurer la s.c.i de f en tout $x \in E$, y compris en les x où $f(x) = +\infty$ (en les x se trouvant sur la frontière de l'ensemble des points où $f(y)$ est finie).

Exemple 1.3 Soit $\mathcal{O}$ un ouvert de E, $f : \mathcal{O} \to \mathbb{R}$ continue sur E, que l'on étend à tout E en posant $f(x) = +\infty$ si $x \notin \mathcal{O}$. Il n'est pas sûr que cette fonction (étendue) soit s.c.i sur E ! Ça dépend de ce qui se passe sur f lorsqu'on s'approche du bord de $\mathcal{O}$. Pourtant f est continue partout où elle est finie !

---

[1] Certains prétendent que BAIRE est d'origine basque comme l'auteur... Il n'en est rien, mais c'est l'occasion d'un jeu de mots : "BAIRE *est basque...*".

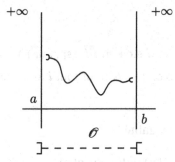 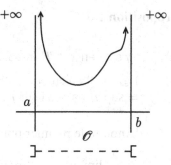

$f(a) = +\infty$; f (étendue) n'est pas s.c.i. en a.   Il faudrait $f(x) \to +\infty$ quand $x \underset{>}{\to} a$.

Exemple 1.4 (Un exemple qui marche (et fort utilisé))
Soit $S \subset E$ fermé, $f : S \to \mathbb{R}$ continue sur S. On prolonge f à tout E en posant $f(x) = +\infty$ si $x \notin S$. Alors, oui, la nouvelle fonction (étendue) f est s.c.i sur E.

La s.c.i globale sur E a le bon goût de pouvoir être caractérisée *géométriquement*. Notations :
- pour $r \in \mathbb{R}$, $[f \leq r] := \{x \in E \mid f(x) \leq r\}$ (ensemble de sous-niveau de f au niveau de r ; sublevel sets en anglais)
- l'*épigraphe* de f, *i.e.* "ce qui est au-dessus du graphe de f", comme l'indique son étymologie

$$\mathrm{epi}\, f := \{(x, r) \in E \times \mathbb{R} \mid f(x) \leq r\}.$$

Attention ! epi f est (toujours) une partie de $E \times \mathbb{R}$.

Proposition 1.5 (de caractérisation de la s.c.i de f sur E)
Il y a équivalence des trois assertions suivantes :
 (i) f est s.c.i. sur E ;
 (ii) Pour tout $r \in \mathbb{R}$, $[f \leq r]$ est fermé (dans E) ;
 (iii) epi f est fermé (dans $E \times \mathbb{R}$).

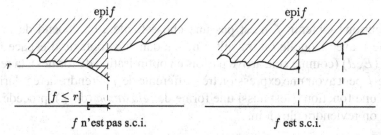

f n'est pas s.c.i. f est s.c.i.

Pour démontrer une s.c.i, on utilise aussi bien la propriété de définition (analytique) que la caractérisation géométrique, ça dépend des situations... Exemple avec les propriétés qui suivent.

Proposition 1.6

(i) f et g s.c.i en $x \in E$ (resp. sur E) $\Rightarrow$ $f + g$ s.c.i en x (resp. sur E).

(ii) $(f_i)_{i \in I}$, I absolument quelconque, f_i s.c.i sur E pour tout $i \in I$; alors $f := \sup_{i \in I} f_i$ est s.c.i sur E.

On démontre le premier point grâce à l'inégalité

$$\liminf_{y \to x} (f + g)(y) \geq \liminf_{y \to x} f(y) + \liminf_{y \to x} g(y)$$

(en faisant donc appel à la définition analytique) ; on démontre le deuxième point en observant que

$$\text{epi } f = \bigcap_{i \in I} \text{epi } f_i$$

(puis on conclut avec le fait qu'une intersection quelconque de fermés est un fermé).

Et quand f n'est pas s.c.i sur E, que fait-on ? Quelle est la fonction s.c.i "cousine" la plus proche ? Eh bien, on opère sur l'épigraphe de f *en le fermant* ; il se trouve que $\overline{\text{epi } f}$ est encore un épigraphe (ce qui n'est pas forcément immédiat).

Définition 1.7 (enveloppe s.c.i d'une fonction)
La plus grande minorante s.c.i de $f : E \to \mathbb{R} \cup \{+\infty\}$, appelée *régularisée* ou *enveloppe s.c.i* de f, est la fonction (définie sans ambiguïté) $\bar{f}$ dont l'épigraphe est $\overline{\text{epi } f}$. En d'autres termes,

$$\text{epi } \bar{f} = \overline{\text{epi } f},$$

ou bien :

$$\forall x \in E, \ \bar{f}(x) = \inf \left\{ r \in \mathbb{R} \mid (x, r) \in \overline{\text{epi } f} \right\}.$$

Attention ! Obtenir $\bar{f}$ n'est pas une chose facile... ça dépend de la topologie τ avec laquelle on travaille ; même dans un contexte d'espace métrique (E, d) (comme cela arrive parfois en optimisation de formes), la régularisée $\bar{f}$ peut avoir une expression très différente de f. Prendre la régularisée s.c.i d'une fonction f est aussi une forme de *relaxation* (de f), procédé sur lequel on reviendra plus loin.

2.2 Des exemples

Exemple 1.8 Commençons par un exemple "théorique", la *fonction indicatrice* d'un ensemble $S \subset E$. Soit donc $S \subset E$; on définit $i_S : E \to \mathbb{R} \cup \{+\infty\}$ de la manière suivante

$$i_S(x) := 0 \text{ si } x \in S, \ +\infty \text{ sinon.}$$

i_S est appelée la fonction indicatrice de S (au sens de l'analyse variationnelle) ; plusieurs notations existent dans la littérature pour i_S : δ_S, χ_S, I_S, etc. Attention ! Ne pas confondre cette notion avec celle d'indicatrice (d'ensemble) utilisée en théorie de la mesure, intégration et probabilités ; celle-ci, notée $\mathbb{1}_S$, est définie comme suit :

$$\mathbb{1}_S(x) := 1 \text{ si } x \in S, \ 0 \text{ sinon.}$$

Mais il y a une relation simple entre les deux : $\mathbb{1}_S = e^{-i_S}$, cela expliquera plus loin le lien, du moins l'analogie, entre la transformation de FOURIER-LAPLACE (du monde de l'intégration) et celle de LEGENDRE- FENCHEL (du monde de l'analyse variationnelle).

Maintenant, comme

$$[i_S \leq r] = S \text{ si } r \geq 0, \ \emptyset \text{ si } r < 0,$$

ou bien

$$\text{epi } i_S \text{ est le "cylindre" } S \times \mathbb{R},$$

il est immédiat de constater l'équivalence suivante :

$$(i_S \text{ est s.c.i sur } E) \Leftrightarrow (S \text{ est fermé}).$$

Un des intérêts de l'utilisation de i_S est de pouvoir remplacer (du moins théoriquement) un problème variationnel avec contraintes par un problème variationnel sans contrainte. Ce qui suit est clair :

$$\begin{cases} \text{Minimiser } f(x), \\ \text{pour } x \in S \subset E \end{cases} \Leftrightarrow \begin{cases} \text{Minimiser } \tilde{f}(x), \\ \text{pour } x \in E \end{cases}$$

où $\tilde{f} := f + i_S$ (c'est-à-dire, $\tilde{f}(x) = f(x)$ si $x \in S$, $+\infty$ sinon).

On a pénalisé f (à l'extérieur de S) de manière "brute", en faisant payer $+\infty$ à x s'il n'est pas dans S ("pour du brutal, c'est du brutal" disait B. BLIER dans *Les Tontons flingueurs*).

Avantage du procédé : on travaille sur tout l'espace (de travail) E ; coût : il faut accepter de travailler avec les fonctions prenant la valeur $+\infty$ (et adapter toutes les notions et propriétés du monde variationnel à ce contexte).

Exemple 1.9 (Exemple de la longueur d'une courbe)
C'est un exemple assez bluffant... des figures suffisent à l'illustrer.

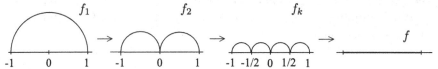

Les courbes graphes de f_1, f_2, ..., f_k, ... ont toutes la même longueur, à savoir $L(f_k) = 2\pi$, tandis que la courbe graphe de la limite f (vers laquelle les f_k convergent magnifiquement, *i.e.* uniformément) a pour longueur $L(f) = 2$. Ceci est l'illustration parfaite de l'inégalité

$$\liminf_{k\to+\infty} L(f_k) \geq L(f).$$

La fonction "longueur d'une courbe" (même pour des courbes "gentilles") ne saurait être mieux que semicontinue inférieurement.

Exemple 1.10 (Exemple du rang d'une matrice)
Ceci est un exemple fondamental, en raison de l'importance de cette fonction dans les so-called "rank constrained optimization problems". Rappelons que

$$\text{rang} : \ A \in \mathcal{M}_{m,n}(\mathbb{R}) \mapsto \text{rang}(A)(\in \{0, 1, ..., p\}, \ p := \min(m, n))$$

est une fonction passablement chahutée...
La seule propriété topologique d'importance de cette fonction est sa semicontinuité inférieure : si $A_k \to A$ dans $\mathcal{M}_{m,n}(\mathbb{R})$, alors :

$$\liminf_{k\to+\infty} \ \text{rang}(A_k) \geq \text{rang } A.$$

En d'autres termes, le rang de A_k ne peut que chuter lorsque $A_k \to A$.
Les ensembles de sous-niveau

$$\left\{ A \in \mathcal{M}_{m,n}(\mathbb{R}) \mid \text{rang } A \leq r \right\} \text{ (ou } \lfloor r \rfloor \text{, ce qui revient au même)}$$

sont des infâmes chewing-gums de $\mathcal{M}_{m,n}(\mathbb{R})$, structurés en variétés algébriques (hélas non bornées)... Tout ce qu'on en dit pour le moment est que ce sont des fermés de $\mathcal{M}_{m,n}(\mathbb{R})$.

Exemple 1.11 (Exemple de la fonction variation totale)
Soit Ω un ouvert borné de $\mathbb{R}^2$ de frontière Lipschitz, désignons par $\mathscr{C}_K^1(\Omega, \mathbb{R}^2)$ l'espace des fonctions (vectorielles) $\vec{\phi} : \Omega \to \mathbb{R}^2$ qui sont $\mathscr{C}^1$ et à support compact contenu dans Ω (c'est le sens de la notation $\mathscr{C}_K^1$). Grâce à ces fonctions tests $\vec{\phi}$, dans une boule toutefois de manière à normaliser les choses, on définit $J(f)$, pour $f \in L^1(\Omega)$ à valeurs réelles, comme suit :

$$J(f) := \sup\left\{\int_\Omega f(x)\, div\,\vec\phi(x)\ dx \;\Big|\; \vec\phi \in \mathscr{C}^1_K(\Omega, \mathbb{R}^2), \|\vec\phi\| \le 1\right\}. \quad (1.3)$$

J est ce qu'on appelle "la variation totale de f sur Ω".
Rappelons que si $\vec\phi = \begin{pmatrix}\phi_1\\\phi_2\end{pmatrix}$, $div\,\vec\phi(x) = \dfrac{\partial\phi_1}{\partial x_1}(x) + \dfrac{\partial\phi_2}{\partial x_2}(x)$.

Comme $\vec\phi$ est à support compact contenu dans Ω (donc nulle au bord de Ω), une intégration par parties permet de reformuler l'intégrale qui apparaît dans l'expression (1.3) de $J(f)$, pour des fonctions f "assez régulières" du moins :

$$\int_\Omega f(x)\, div\,\vec\phi(x)\ dx = \int_\Omega\left[f(x)\frac{\partial\phi_1}{\partial x_1}(x) + f(x)\frac{\partial\phi_2}{\partial x_2}(x)\right] dx \quad (1.4)$$
$$= -\int_\Omega\left[\frac{\partial f}{\partial x_1}(x)\phi_1(x) + \frac{\partial f}{\partial x_2}(x)\phi_2(x)\right] dx$$
$$= -\int_\Omega \langle\vec\nabla f(x), \vec\phi(x)\rangle\, dx.$$

On définit l'espace $BV(\Omega)$ des *fonctions à variation bornée* dans Ω comme étant celui des fonctions intégrables sur Ω dont la variation totale sur Ω est finie :

$$BV(\Omega) := \left\{f \in L^1(\Omega) \;\big|\; J(f) < +\infty\right\}. \quad (1.5)$$

$BV(\Omega)$ est un espace fonctionnel utilisé en analyse et calcul variationnels, notamment dans le traitement mathématique des images.

Par exemple, la courbe Γ de $\mathbb{R}^2$ (Γ est juste un ensemble mesurable de $\mathbb{R}^2$, pour la mesure de LEBESGUE, bien sûr) est de *longueur finie* si sa fonction indicatrice $\mathbb{1}_\Gamma$ est dans $BV(\Omega)$ (auquel cas, la longueur de Γ est $J(\mathbb{1}_\Gamma)$).
$BV(\Omega)$ est très "riche" en fonctions. Supposons par exemple que $f \in W^{1,1}(\Omega)$ (espace de SOBOLEV de fonctions de $L^1(\Omega)$ dont la dérivée généralisée, au sens des distributions, Df est encore dans $L^1(\Omega)$). Alors, $f \in BV(\Omega)$ et $J(f) = \|Df\|_{L^1}$.
Signalons trois propriétés essentielles de l'espace $BV(\Omega)$, notamment celle relative à la semicontinuité de J.

- $f \in BV(\Omega) \mapsto \|f\|_{L^1} + J(f)$ est une norme sur (l'espace vectoriel) $BV(\Omega)$. On notera $\|f\|_{BV(\Omega)}$ cette norme.
  $(BV(\Omega), \|\cdot\|_{BV(\Omega)})$ est un espace vectoriel normé complet, c'est un *espace de* BANACH (mais pas réflexif).
- Si $(f_n)_n$ est une suite bornée de $BV(\Omega)$, c'est-à-dire qu'il existe $K > 0$ telle que $\|f_n\|_{BV(\Omega)} \le K$ pour tout n, alors il existe une sous-suite $(f_{n_k})_k$ de $(f_n)_n$ et une fonction $f \in BV(\Omega)$ telles que $f_{n_k} \to f$ quand $k \to +\infty$ dans $L^1(\Omega)$ (c'est-à-dire $\|f_{n_k} - f\|_{L^1} \to 0$ quand $k \to +\infty$).

Cette propriété de "compacité" est à relier à celle de semicontinuité inférieure de la variation totale J qui va suivre.

• Si (f_n) est une suite de fonctions de $BV(\Omega)$ qui converge vers une f fortement dans $L^1(\Omega)$, alors, $f \in BV(\Omega)$ et

$$\liminf_{n \to +\infty} J(f_n) \geq J(f).$$

2.3 Un résultat standard d'existence

Notre problème variationnel générique est

$$(\mathscr{P}) \begin{cases} \text{Minimiser } f(x), \\ x \in S, \end{cases}$$

où S est une partie (non vide) de E et $f : E \to \mathbb{R} \cup \{+\infty\}$ une fonction-objectif générale. On suppose – et c'est la moindre des choses – que f est finie en au moins un point de S.

Le théorème suivant d'existence de solutions dans $(\mathscr{P})$ a pour genèse le théorème de K. WEIERSTRASS.

Théorème 1.12 (d'existence) On suppose :
• $f : E \to \mathbb{R} \cup \{+\infty\}$ est *s.c.i.* sur E ;
• $S \subset E$ est *compact*.

Alors f *est bornée inférieurement sur S* (i.e., $\bar{f} := \inf_S f > -\infty$) (c'est un premier résultat) et *il existe* $\bar{x} \in S$ tel que $f(\bar{x}) = \inf_S f (= \bar{f})$ (c'est un deuxième résultat).

Ceci est énoncé avec une topologie τ sur E sous-jacente ; il y a une opposition entre les deux exigences, celle relative à la fonction-objectif f et celle relative à l'ensemble-contrainte S... chacune tirant de son côté.

Dilemme du choix de la topologie :
→ assez *"fine"* ou *forte* ($\nearrow$ ouverts, fermés) pour que f soit *s.c.i.*
→ assez *"économique"* ou *faible* ($\searrow$ ouverts) pour que S soit *compact*.

Explicitons quelque peu ces deux exigences qui tirent chacune de leur côté...

Soit τ_1 et τ_2 deux topologies sur E.
• Si τ_1 est plus forte que τ_2 (i.e., tout ouvert de τ_2 est aussi un ouvert de τ_1 ; "il y a plus d'ouverts pour τ_1 que pour τ_2"), alors

$$(X \subset E \text{ fermé pour } \tau_2) \Rightarrow (X \text{ fermé pour } \tau_1).$$

Comme la s.c.i. de f sur E s'exprime par le caractère fermé des ensembles de sous-niveau $X = [f \leq r]$, $r \in \mathbb{R}$, plus il y a d'ouverts (et donc de fermés) dans la topologie choisie (ou encore, plus les bases de voisinages de points de E sont "fines"), plus on a de chances de satisfaire l'exigence de s.c.i. (de f).

• Si τ_1 est plus forte que τ_2,

$$(S \subset E \text{ compact pour } \tau_1) \Rightarrow (S \text{ compact pour } \tau_2)$$

(penser à la définition de compacité *via* les recouvrements finis qu'on extrait de recouvrements d'ouverts de S ; plus il y a d'ouverts pour la topologie, *i.e.*, plus la topologie est forte, plus on a de difficultés à satisfaire l'exigence de compacité (de S)).

Schématiquement, supposons que E soit muni de deux topologies, l'une "forte", l'autre "faible" ; conséquences : il est plus facile pour f d'être s.c.i. pour la topologie forte, il est plus facile pour S d'être compact pour la topologie faible...

$$(f \text{ s.c.i. faible}) \Rightarrow (f \text{ s.c.i. fort})$$
$$(S \text{ compact fort}) \Rightarrow (S \text{ compact faible}).$$

Moralité : on n'a rien sans rien...

Espoirs : que dans certaines situations (de fonctions f, d'ensembles S), la fonction-objectif f, assez facilement s.c.i. fort, soit aussi s.c.i. faible et/ou que l'ensemble-contrainte S, assez facilement compact faible, soit aussi compact fort.

Mise en garde : Même si le théorème d'existence évoqué est central, il ne faut pas s'imaginer que tous les théorèmes d'existence en calcul variationnel ou optimisation sont modelés sur celui-là... Il y a des situations où la structure des problèmes fait qu'on a accès à des théorèmes d'existence spécifiques. En voici un exemple.

Optimisation à données linéaires (Programmation Linéaire)
$E = \mathbb{R}^n$, $f(x) = \langle c, x \rangle$ (noté aussi $c^T x$) (fonction linéaire donc) ; S décrit par les inégalités

$$\langle a_1, x \rangle \leq b_1, ..., \langle a_m, x \rangle \leq b_m$$

(S est donc un polyèdre convexe fermé de $\mathbb{R}^n$).

Théorème 1.13 (d'existence)
Si f est bornée inférieurement sur S (i.e., $\bar{f} := \inf_{x \in S} \langle c, x \rangle > -\infty$), alors le problème de la minimisation de f sur S a des solutions.

Fig. 1.1 S est polyédral (non borné), f présente des "courbures"; bien que f soit bornée inférieurement sur S, la borne inférieure de f sur S $(= 0)$ n'est pas atteinte.

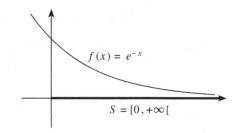

Fig. 1.2 f est linéaire, S (non borné) présente des "courbures"; bien que f soit bornée inférieurement sur S, la borne inférieure de f sur S $(= 0)$ n'est pas atteinte.

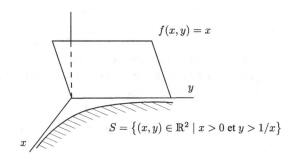

Pourtant S (fermé) n'a pas été supposé borné (S n'a donc pas été supposé compact)... C'est le caractère particulier des données (f est linéaire, S est polyédral) qui a fait marcher les choses.

3 Le choix des topologies. Les topologies faibles sur un espace vectoriel normé.

3.1 Progression dans la généralité des espaces de travail

Les problèmes d'optimisation et de calcul variationnel conduisent à considérer des espaces de travail E de plus en plus généraux :

– **Espaces de dimension finie.** $\mathbb{R}^n$ et – surtout – $\mathscr{M}_{m,n}(\mathbb{R})$. Ce dernier est structuré en espace euclidien grâce au produit scalaire défini par la formule $\langle\langle A, B \rangle\rangle := \operatorname{tr}(A^T B)$. Il est d'importance en Statistique, Automatique (Automatic control), optimisation matricielle (dont optimisation SDP sur laquelle nous reviendrons plus loin). Mais il n'y a qu'une seule topologie d'espace vectoriel normé sur E lorsque E est de dimension finie.

– **Espaces de Hilbert.** Ce sont les premiers espaces de travail de dimension infinie, les plus importants sans doute... Ah si on savait tout faire dans les espaces de Hilbert! Lorsqu'un espace de Hilbert $(H, \langle \cdot, \cdot \rangle)$ est donné, c'est naturellement la norme hilbertienne associée : $\|\cdot\| := \sqrt{\langle \cdot, \cdot \rangle}$ qu'on utilisera. Mais il y a une autre topologie, ladite topologie faible, qu'on peut mettre sur H. C'est un cas particulier de ce qui va être présenté plus loin; toutefois il faut d'ores et déjà bien maîtriser les tenants et les aboutissants de "une suite (u_k) converge faiblement vers u", et connaître les obstacles empêchant une suite faiblement convergente de converger fortement (*i.e.*, au sens de la topologie définie via la norme hilbertienne). À faire : Exercices 4 et 5; à lire : [H].

– **Espaces de Banach.** Un espace vectoriel normé $(E, \|\cdot\|)$ est dit de Banach lorsqu'il est complet. On désigne par E^* (ou E') le dual topologique[2] de E, c'est-à-dire l'ensemble des formes linéaires continues x^* sur E :

$$x^* \in E^*, \ x^* : E \to \quad \mathbb{R}$$
$$x \mapsto x^*(x),$$

action de x^* sur x, que l'on note aussi $\langle x^*, x \rangle$ ($\langle \cdot, \cdot \rangle$ est ledit "crochet de dualité", à ne pas confondre avec un produit scalaire). E^* est structuré en espace vectoriel normé grâce à la *norme duale* $\|\cdot\|_*$ (de $\|\cdot\|$) définie comme suit :

$$\forall x^* \in E^*, \|x^*\|_* := \sup_{\substack{x \in E \\ \|x\| \le 1}} |\langle x^*, x \rangle| \tag{1.6}$$

(c'est vraiment un sup, pas un max).

On peut injecter canoniquement E sur le bidual topologique $E^{**} := (E^*)^*$ de E :

$$x \in E \overset{j}{\rightsquigarrow} \begin{pmatrix} E^* \to & \mathbb{R} \\ x^* \mapsto & \langle x^*, x \rangle \end{pmatrix} \in E^{**}.$$

Grâce à l'application linéaire (isométrique même) j, on peut identifier E à un sous-espace de E^{**}. Attention! le "trou" entre E et E^{**} peut être énorme; penser à $E = L^1$, où $E^{**} = (L^\infty)^*$ est un gros fourre-tout où se perdent les fonctions de L^1...

Quand $j(E) = E^{**}$, on dit que E est *réflexif*; dans ce cas on identifie implicitement E et E^{**} (toujours via j). Parallèlement à (1.6), notons que

---

[2] Comme tout ce qui nous concerne est de nature topologique, on ne considérera pas le dual algébrique de E, la notation E^* ne doit donc pas prêter à confusion.

$$\forall x \in E, \|x\| = \max_{\substack{x^* \in E^* \\ \|x^*\|_* \le 1}} |\langle x^*, x \rangle| \qquad (1.7)$$

(c'est véritablement un max ici).

Supposons désormais que $(E, \|\cdot\|)$ *est un espace de Banach.*

3.2 Topologie faible $\sigma(E, E^*)$ sur E

Il y a déjà une topologie sur E, celle définie avec la norme $\|\cdot\|$ (appelée *topologie forte*), ce qui a permis la définition et construction de E^*. À côté de cette topologie, on définit une nouvelle topologie sur E, ladite *topologie faible* $\sigma(E, E^*)$, comme suit : c'est la topologie (sur E) la moins fine (*i.e.*, la plus "économique", ayant le minimum d'ouverts) rendant continues toutes les formes linéaires

$$E^* \ni x^* : E \to \mathbb{R}$$
$$x \mapsto \langle x^*, x \rangle.$$

Par définition ou construction,
- La topologie faible $\sigma(E, E^*)$ a moins d'ouverts (et de fermés) que la topologie forte ;
- Les ouverts (resp. les fermés) pour la topologie $\sigma(E, E^*)$ sont aussi ouverts (resp. fermés) pour la topologie forte.

Il sera donc plus difficile pour une fonction $f : E \to \mathbb{R} \cup \{+\infty\}$ d'être s.c.i. pour la topologie $\sigma(E, E^*)$ que pour la topologie forte.
- Le dual topologique de $(E, \sigma(E, E^*))$ est E^*.

Quelques difficultés (lorsque E n'est pas de dimension finie) :
- La sphère-unité de E n'est jamais fermée pour $\sigma(E, E^*)$;
- La boule ouverte $\{x \in E \mid \|x\| < 1\}$ n'est jamais ouverte pour $\sigma(E, E^*)$;
- La topologie $\sigma(E, E^*)$ n'est pas métrisable.

Comme on a souvent affaire à des suites construites dans E, il est bon de savoir quels liens unissent la convergence forte de (x_k) vers x et la convergence faible (au sens de $\sigma(E, E^*)$) de (x_k) vers x. Pour alléger l'écriture, on notera

"$x_k \rightharpoonup x$" pour "$x_k \to x$ pour la topologie $\sigma(E, E^*)$".

Proposition 1.14 (de comparaison de convergences)
Soit $(x_k)_k$ une suite d'éléments de E. Alors :

(i) [Définition quasiment]

$$(x_k \rightharpoonup x) \Leftrightarrow \left(\langle x^*, x_k \rangle \to \langle x^*, x \rangle \text{ pour tout } x^* \in E^* \right).$$

(ii) [Qui peut le plus peut le moins]

$$(x_k \to x) \Rightarrow (x_k \rightharpoonup x).$$

(iii) [Une suite faiblement convergente est fortement bornée; la fonction $\|\cdot\|$ est (séquentiellement) faiblement s.c.i.]

$$(x_k \rightharpoonup x) \Rightarrow ((\|x_k\|)_k \text{ est bornée et } \liminf_{k \to +\infty} \|x_k\| \geq \|x\|).$$

(iv) [Couplage "convergence forte dans E^*– convergence faible dans E"]

$$\begin{pmatrix} x_k \rightharpoonup x \ (\text{dans } E) \\ x_k^* \to x^* \ (\text{dans } E^*) \\ (i.e., \|x_k^* - x^*\|_* \to 0) \end{pmatrix} \Rightarrow (\langle x_k^*, x_k \rangle \to \langle x^*, x \rangle (\text{dans } \mathbb{R})).$$

Apport de la convexité

Une propriété aussi simple que la convexité, une propriété *vectorielle* pourtant, va faire que "fermés forts ou fermés faibles, c'est la même chose !".

Théorème 1.15 Supposons $C \subset E$ *convexe*. Alors :

$$(C \text{ fermé fort}) \Rightarrow (C \text{ fermé pour } \sigma(E, E^*))$$

[la réciproque étant toujours vraie, que C soit convexe ou pas].

Conséquence : Si $f : E \to \mathbb{R} \cup \{+\infty\}$ est *convexe* s.c.i. (pour la topologie forte), alors f est s.c.i. pour la topologie $\sigma(E, E^*)$. Il suffit pour le voir de penser à la caractérisation de la s.c.i. de f *via* les ensembles de sous-niveau $[f \leq r]$ (*cf.* Proposition 1.5) – lesquels sont convexes lorsque f est convexe – et au théorème qui vient d'être énoncé. En particulier, une telle fonction f est séquentiellement faiblement s.c.i. :

$$(x_k \rightharpoonup x) \Rightarrow \left(\liminf_{k \to +\infty} f(x_k) \geq f(x) \right).$$

Le cas de la fonction norme, $f = \|\cdot\|$ a été vu au (iii) de la Proposition (1.14) plus haut.

3.3 Le topologie faible-∗, $\sigma(E^*, E)$ (weak-∗ en anglais)

Ce qui a été fait, avec E^*, pour affaiblir la topologie initiale sur E (et créer ainsi la topologie $\sigma(E, E^*)$, *cf.* § 3.2), on peut le faire, avec $E^{**} = (E^*)^*$, pour affaiblir la topologie forte sur E^* : on crée ainsi, sur E^*, la topologie faible $\sigma(E^*, E^{**})$. Mais il y a mieux à faire : on va créer sur E^* une topologie encore plus économique (ou moins fine) que $\sigma(E^*, E^{**})$; elle aura donc moins d'ouverts (et de fermés) ; il sera donc encore plus facile d'être compact pour cette topologie !

La topologie faible-$*$, désignée aussi par le sigle $\sigma(E^*, E)$, est la topologie la moins fine (*i.e.*, la plus "économique", ayant le minimum d'ouverts) rendant continues toutes les formes linéaires

$$E \ni x : E^* \to \quad \mathbb{R}$$
$$x^* \mapsto \langle x^*, x \rangle.$$

Par construction, le dual topologique de $(E^*, \sigma(E^*, E))$ est (identifiable à) E. Notation (concernant une suite $(x_k^*) \subset E^*$) :

"$x_k^* \overset{*}{\rightharpoonup} x^*$" pour "$x_k^* \to x^*$ pour la topologie $\sigma(E^*, E)$".
(ça fait beaucoup d'étoiles...)

Proposition 1.16 (de comparaison de convergences)
Soit $(x_k^*)_k$ une suite d'éléments de E^*. Alors :

(i) [Définition quasiment]

$$\left(x_k^* \overset{*}{\rightharpoonup} x^* \right) \Leftrightarrow (\langle x_k^*, x \rangle \to \langle x^*, x \rangle \text{ pour tout } x \in E).$$

(ii) [La topologie faible-$*$ est séparée]

Si $\left(x_k^* \right)$ converge faiblement-$*$, alors sa limite faible-$*$ est unique (Ouf!).

(iii) [Une suite faiblement-$*$ convergente est fortement bornée]

$$\left(x_k^* \overset{*}{\rightharpoonup} x^* \right) \Rightarrow \left((\| x_k^* \|_*)_k \text{ est bornée} \right).$$

(iv) [Semicontinuité]

$$\left(x_k^* \overset{*}{\rightharpoonup} x^* \right) \Rightarrow \left(\liminf_{k \to +\infty} \| x_k^* \|_* \geq \| x^* \|_* \right).$$

(v) [Couplage "convergence faible-$*$ dans E^*– convergence forte dans E"]

$$\begin{pmatrix} x_k^* \rightharpoonup x^* \text{ (dans } E^*) \\ x_k \to x \quad \text{(dans } E) \\ (i.e., \| x_k - x \| \to 0) \end{pmatrix} \Rightarrow (\langle x_k^*, x_k \rangle \to \langle x^*, x \rangle).$$

Rappelons que pour appliquer le théorème d'existence de solutions, nous sommes à la recherche de compacts (*cf.* § 1.2.3). Dans E^*, contexte de travail de ce sous-paragraphe, les choses se sont éclaircies avec l'entrée en jeu de la topologie faible-∗. Tout d'abord, une limitation, (lorsque l'espace est de dimension infinie) : la boule unité de E^*, $B_* = \{x^* \in E^* \mid \|x^*\|_* \leq 1\}$ n'est *jamais* compacte... En contrepartie :

Théorème 1.17 (Compacité (Banach-Alaoglu-Bourbaki))
La boule unité de E^*, définie comme suit :

$$B_* = \left\{x^* \in E^* \mid \|x^*\|_* \leq 1\right\}$$

est *compacte pour la topologie faible-∗.*

Question : qui était ALAOGLU[3] ?

Sur le versant E (et non E^*), la boule unité $B = \{x \in E \mid \|x\| \leq 1\}$ est compacte pour $\sigma(E, E^*)$ dès lors que E est réflexif.

Pour terminer avec E^*, insistons sur les deux points-résumés que voici :

> – Il y a deux topologies essentielles sur E^* : la topologie forte (dont le marqueur est $\|\cdot\|_*$) et la topologie faible-∗
>
> $$(E, \|\cdot\|) \quad \xrightarrow{(\cdot)^*} \quad (E^*, \|\cdot\|_*)$$
>
> $$E \quad \xleftarrow{(\cdot)^*} \quad (E^*, \sigma(E^*, E))$$
>
> – Il y a deux types de convexes fermés dans E^* : les convexes fermés pour la topologie forte et les convexes fermés pour la topologie faible-∗.

Ceci est d'importance car, en analyse et calcul variationnels (en différentiation généralisée notamment), ce sont des ensembles (convexes) de E^* que nous considérons.

---

[3] L. Alaoglu (1914-1981) est un mathématicien d'origine grecque. Ses travaux de thèse ("Weak topologies of normed linear spaces", 1938) sont à l'origine du théorème invoqué ici. Quant à Bourbaki, je dois être un des seuls mathématiciens à avoir joué au football contre l'équipe de (et sur le stade de) Bourbaki, à Pau près de l'université. Pour être *complet*, il faudrait parler de Banach...

3.4 L'apport de la séparabilité

E, disons un espace vectoriel normé, est dit *séparable* s'il existe une partie *dénombrable* $\Delta \subset E$ partout dense dans E (*i.e.*, $\overline{\Delta} = E$). Que vient faire la séparabilité dans cette galère (des topologies faibles)? En gros, vite dit : la séparabilité apporte la métrisabilité des topologies faibles; "Si E est un espace de Banach séparable, alors la boule unité B_* de E^* est métrisable pour la topologie $\sigma(E^*, E)$ (*i.e.*, il existe une distance d définie sur B_* telle que la topologie définie *via d* coïncide avec la topologie $\sigma(E^*, E)$ sur B_*)". L^∞ est l'archétype d'espace fonctionnel non séparable.

Séparabilité de E *vs.* séparabilité de E^* :
Soit E un espace de Banach. Alors :
- $\left(E^* \text{ séparable}\right) \Rightarrow \left(E \text{ séparable}\right)$.

  (L^1 est séparable, L^∞ ne l'est pas; l'implication réciproque est donc fausse).
- $\left(E^* \text{ réflexif et séparable}\right) \Leftrightarrow \left(E \text{ réflexif et séparable}\right)$.

Retenons deux *techniques d'extraction de sous-suites*, fort utiles dans les démonstrations :
- Dans E espace de Banach *réflexif* (espace de Hilbert par exemple), de toute suite bornée (x_k) de E, on peut extraire une sous-suite qui converge pour $\sigma(E, E^*)$.
- Si E est un espace de Banach *séparable*, de toute suite fortement bornée *de E^**, on peut extraire une sous-suite qui converge faiblement-$*$ (*i.e.*, pour la topologie $\sigma(E^*, E)$).

3.5 Un théorème fondamental d'existence en présence de convexité

Les espaces de Banach réflexifs (les espaces de Hilbert notamment) et les fonctions convexes s.c.i. jouent des rôles pivots dans l'étude de problèmes variationnels. Le théorème d'existence qui suit est le pendant convexe du théorème d'existence présenté au § 2.3.

Théorème 1.18 (d'existence, en présence de convexité)
Soit E un espace de *Banach réflexif* (de Hilbert par exemple); soit $C \subset E$ *convexe fermé* non vide, soit $f : E \to \mathbb{R} \cup \{+\infty\}$ *convexe s.c.i.* sur E. On suppose :

$$\text{soit } C \text{ est borné, soit } \lim_{\substack{\|x\| \to +\infty \\ x \in C}} f(x) = +\infty. \qquad (1.8)$$

Alors, f est bornée inférieurement sur C et il existe $\overline{x} \in C$ tel que

$$f(\overline{x}) = \inf_{x \in C} f(x).$$

L'hypothèse (1.8) de "forçage à l'infini" (lorsque C n'est pas borné) est appelée la *0-coercivité de f sur C*. Ce qui coûte cher dans ce théorème sont les hypothèses de convexité.

Illustrons le théorème au-dessus avec un exemple classique (démontré autrement, habituellement) : l'existence de la projection sur un convexe fermé d'un espace de Hilbert.

Soit $(H, \langle \cdot, \cdot \rangle)$ un espace de Hilbert, soit $C \subset H$ un convexe fermé non vide. Pour $u \in H$ donné, *il existe $\overline{x} \in C$ tel que*

$$\|u - \overline{x}\| = \inf_{x \in C} \|u - x\|. \tag{1.9}$$

Pour cela, on minimise $f_u : x \in H \mapsto f_u(x) := \|u - x\|$ sur C.

Comme f_u est convexe continue sur H, 0-coercive sur C, que C est convexe fermé non vide dans H (qui est réflexif), l'existence de $\overline{x}$ dans (1.9) est assurée. L'unicité d'un tel $\overline{x}$, noté usuellement $\overline{x} = p_C(u)$, est une autre affaire : elle résulte d'une propriété particulière de la norme $\|\cdot\|$. On reviendra abondamment sur ces questions de projections sur des convexes fermés au Chapitre 3.

Exercices

Exercice 1 (Inégalités sur les normes)
Soit $(X, \|\cdot\|)$, un espace vectoriel normé. Soit x et y non nuls dans X.

1) Inégalité de MASSERA- SCHÄFFER (1958)

o Montrer

$$\left\| \frac{x}{\|x\|} - \frac{y}{\|y\|} \right\| \leq \frac{2}{\max(\|x\|, \|y\|)} \|x - y\|. \tag{1.10}$$

o Vérifier que si

$$\left\| \frac{x}{\|x\|} - \frac{y}{\|y\|} \right\| \leq \frac{k}{\max(\|x\|, \|y\|)} \|x - y\| \text{ pour tous } x, \, y \neq 0 \text{ dans } X,$$

alors $2 \leq k$ (c'est-à-dire qu'on ne peut pas faire mieux que 2 dans une inégalité comme (1.10)).

  o Vérifier que la fonction $x \neq 0 \mapsto \dfrac{x}{\|x\|}$ vérifie une condition de Lipschitz sur $\Omega := \{x \in X \mid \|x\| \geq 1\}$ avec une constante de Lipschitz égale à 2.
  Avec l'exemple de $X = \mathbb{R}^2$ et $\|\cdot\| = \|\cdot\|_\infty$, montrer qu'on ne peut pas faire mieux que 2 comme constante de Lipschitz.

2) Inégalité de DUNKL- WILLIAMS (1964)
  On suppose ici que $(X, \langle \cdot, \cdot \rangle)$ est préhilbertien, la norme $\|\cdot\|$ sur X étant celle déduite du produit scalaire $\langle \cdot, \cdot \rangle$, c'est-à-dire $\|x\| = \sqrt{\langle x, x \rangle}$.
  Montrer

$$\left\| \frac{x}{\|x\|} - \frac{y}{\|y\|} \right\| \leq \frac{2}{\|x\| + \|y\|} \|x - y\| \tag{1.11}$$

  avec égalité si et seulement si : $\|x\| = \|y\|$ ou $\dfrac{x}{\|x\|} = -\dfrac{y}{\|y\|}$.

3) Inégalité de MILAGRANDA (2006)
  Montrer

$$\|x + y\| \leq \|x\| + \|y\| - [2 - \alpha(x, -y)] \min(\|x\|, \|y\|), \tag{1.12}$$

$$\|x + y\| \geq \|x\| + \|y\| - [2 - \alpha(x, -y)] \max(\|x\|, \|y\|), \tag{1.13}$$

  où $\alpha(x, -y) := \left\| \dfrac{x}{\|x\|} + \dfrac{y}{\|y\|} \right\|$.

Commentaire : (1.12) et (1.13) sont les meilleurs raffinements de l'inégalité triangulaire qui soient connus à ce jour.

Exercice 2 (Norme dérivée d'un produit scalaire)
Donner au moins une façon de caractériser une norme dérivée d'un produit scalaire.
  Hint : L'égalité dite du parallélogramme, ou caractérisation de P. JORDAN et J. VON NEUMANN (1935).

Exercice 3 Soit $a < b$, A et B deux réels quelconques, et :

$$X := \left\{ f \in \mathscr{C}^2(\mathbb{R}) \mid f(a) = A \text{ et } f(b) = B \right\},$$

$$I : f \in X \mapsto I(f) := \int_a^b \left[f^2(t) + f'^2(t) \right] \, dt.$$

Par de simples calculs "à la main", montrer que I est bornée inférieurement sur X et qu'il existe un et un seul élément $\bar{f} \in X$ tel que $I(\bar{f}) = \inf_{f \in X} I(f)$.

  Hint : Utiliser la fonction $\bar{f}$, unique solution de

$$f'' - f = 0, \quad f(a) = A, \quad f(b) = B.$$

Exercice 4 (**Convergence faible** *vs.* **convergence forte d'une suite dans un espace de Hilbert. Aspect variationnel du théorème de représentation de Riesz**)

Soit $(H, \langle \cdot, \cdot \rangle)$ un espace de Hilbert ; on désigne par $\|\cdot\|$ la norme associée au produit scalaire $\langle \cdot, \cdot \rangle$. On dit qu'une suite (u_n) de H

- *converge fortement* vers u dans H lorsque $\|u_n - u\| \to 0$
- *converge faiblement* vers u dans H lorsque $\langle u_n, v \rangle \to \langle u, v \rangle$, pour tout v dans H. On écrit alors $u_n \rightharpoonup u$.

Propriétés.

1. Si $u_n \rightharpoonup u$ et $u_n \rightharpoonup u'$, alors $u = u'$ (si la limite faible de (u_n) existe, elle est unique).

2. La convergence forte implique la convergence faible.

3. $(u_n \to u) \Leftrightarrow (u_n \rightharpoonup u$ et $\|u_n\| \to \|u\|)$.

4. Toute suite faiblement convergente est (fortement) bornée.

5. Si $u_n \to u$ et $v_n \to v$, alors $\langle u_n, v_n \rangle \to \langle u, v \rangle$.

6. Toute suite bornée contient une sous-suite faiblement convergente.

7. Si A est linéaire continue de H_1 dans H_2, H_1 et H_2 espaces de Hilbert, et si $u_n \rightharpoonup u$ dans H_1, alors $Au_n \rightharpoonup Au$ dans H_2.

8. Si $u_n \rightharpoonup u$, il existe une sous-suite (u_{k_n}) de (u_n) telle que

$$\frac{u_{k_1} + u_{k_2} + \ldots + u_{k_n}}{n} \to u \text{ quand } n \to +\infty.$$

9. Si (u_n) est bornée dans H et si $\langle u_n, w \rangle \to \langle u, w \rangle$ pour tout w dans une partie dense de H, alors $u_n \rightharpoonup u$.

10. Si $u_n \rightharpoonup u$, alors $\|u\| \le \liminf\limits_{n \to +\infty} \|u_n\|$.

11. Soit C convexe fermé borné de H et soit $f : H \to \mathbb{R}$ convexe continue. Alors f est bornée inférieurement sur C et cette borne inférieure est atteinte : il existe $\overline{u} \in C$ tel que

$$f(\overline{u}) = \inf_{u \in C} f(u).$$

12. **Aspect variationnel du théorème de représentation de Riesz.**

    Soit l une forme linéaire continue sur H et soit $\theta : H \to \mathbb{R}$ définie par

$$\theta(h) := \frac{\|h\|^2}{2} - l(h).$$

    Alors il existe un et un seul minimiseur de θ, noté $\overline{u} \in H$, vérifiant de plus :

$$\forall\, h \in H, \ l(h) = \langle \overline{u}, h \rangle.$$

Démontrer les propriétés 1, 2, 3, 5, 7, 9, 10, 12. Pour démontrer une propriété N, on pourra utiliser les propriétés 1, 2,..., $N-1$.

Exercice 5 (Obstacles empêchant une suite faiblement convergente de converger (fortement) : oscillations, concentration, évanescence)
En prenant l'exemple de $L^2(I)$, I intervalle de $\mathbb{R}$, structuré en espace de Hilbert grâce au produit scalaire

$$\langle f, g \rangle := \int_I f(x)g(x)\,\mathrm{d}x,$$

nous allons considérer trois situations typiques où $(u_n) \subset L^2(I)$ converge faiblement vers 0 mais ne converge pas fortement vers 0.
- **Oscillations.** Soit $I =]0, \pi[$, $u_n \in L^2(I)$ définie par :

$$u_n(x) = \sqrt{\frac{2}{\pi}}\,\sin(nx).$$

- **Concentration.** Soit $I = \left]-\frac{\pi}{2}, \frac{\pi}{2}\right[$, $u_n \in L^2(I)$ définie comme suit :

$$u_n(x) = \begin{cases} \sqrt{n} \text{ si } -\frac{1}{2n} \le x \le \frac{1}{2n}, \\ 0 \text{ sinon.} \end{cases}$$

- **Evanescence.** Soit $I = \mathbb{R}$, $u_n \in L^2(I)$ définie ci-dessous :

$$u_n(x) = \begin{cases} \sqrt{n} \text{ si } -\frac{1}{2n} \le x \le n + \frac{1}{2n}, \\ 0 \text{ sinon.} \end{cases}$$

Dans les trois cas, montrer que $u_n \rightharpoonup 0$ dans $L^2(I)$ mais que $u_n \nrightarrow 0$ dans $L^2(I)$.

Exercice 6 (L'inégalité d'Opial)
Soit H un espace de Hilbert : $\langle \cdot, \cdot \rangle$ y désigne le produit scalaire et $\|\cdot\|$ la norme associée. On suppose que la suite (u_n) de H converge faiblement vers $u \in H$. Montrer que pour tout $v \in H$, distinct de u, on a

$$\liminf_{n \to +\infty} \|u_n - v\| > \liminf_{n \to +\infty} \|u_n - u\|.$$

Exercice 7 (Le problème des points les plus éloignés, dans un Banach)
Soit K un compact non vide dans l'espace de Banach $(E, \|\cdot\|)$.
Pour tout $x \in E$, on pose

$$Q_K(x) := \left\{ \overline{y} \in K \;\middle|\; \|x - \overline{y}\| = \sup_{y \in K} \|x - y\| \right\}$$

($Q_K(x)$ est la partie de K constituée des points les plus éloignés de x dans K). Montrer que si $Q_K(x)$ est réduit à un seul élément pour tout $x \in E$, alors K lui-même est un singleton.

Indication : On pourra appliquer un théorème de point fixe à l'application q_K issue de $Q_K(x) = \{q_K(x)\}$.

Exercice 8 (Le problème variationnel du brachystochrone ; transformation en un problème de minimisation convexe)

Le problème classique de la courbe brachystochrone (ou du brachystochrone) consiste à chercher la courbe dans un plan vertical sur laquelle un point matériel soumis à la seule action de la pesanteur passe en un temps minimum d'un point à un autre de ce plan. Après normalisation ce problème prend la forme :

$$(\mathscr{P}) \quad \min_{x \in \Omega} \int_0^a l(x(t), \dot{x}(t)) \, dt$$

où $l :]0, +\infty[\times \mathbb{R} \to \mathbb{R}$ est définie par :

$$l(x, u) = \frac{\sqrt{1 + u^2}}{\sqrt{x}},$$

et Ω est l'ensemble des fonctions $x(\cdot) \in \mathscr{C}([0, a], \mathbb{R}) \cap \mathscr{C}^1(]0, a[, \mathbb{R})$ telles que :

$$x(0) = 0, \quad x(a) = 1, \quad \text{et } x(t) > 0 \text{ sur }]0, a[.$$

On définit de plus $J(x) := \displaystyle\int_0^a l(x(t), \dot{x}(t)) \, dt$.

La condition classique nécessaire d'optimalité d'EULER- LAGRANGE s'écrirait dans notre cas

$$\begin{cases} \dfrac{d}{dt}\left(\dfrac{\partial l}{\partial u}(x_0(t), \dot{x}_0(t)) \right) = \dfrac{\partial l}{\partial x}(x_0(t), \dot{x}_0(t)) \text{ sur } [0, a], \\[2mm] (x_0(0), x_0(a)) = (0, 1). \end{cases} \tag{1.14}$$

On remarque qu'elle ne s'applique pas dans le cas du brachystochrone à cause de la singularité de la fonction $l(x, u)$ en $x = 0$. Dans cet exercice, nous allons établir que la solution $x_0 \in \Omega$ de (1.14) est solution du problème du brachystochrone. On fait le changement de fonction inconnue $z = \sqrt{2x}$. On a

$$l(x, \dot{x}) = l(\frac{z^2}{2}, z\dot{z}) = \sqrt{2\left(z^{-2} + \dot{z}^2\right)}.$$

Le problème du brachystochrone est alors équivalent à

$$(\hat{\mathscr{P}}) \quad \min_{z \in \hat{\Omega}} \int_0^a \hat{l}(z, \dot{z}) \, dt$$

où $\hat{l}(z, v) = \sqrt{z^{-2} + v^2}$ et $\hat{\Omega} = \{\sqrt{2x} \mid x \in \Omega\}$ est l'ensemble des fonctions $z \in \mathscr{C}([0, a], \mathbb{R}) \cap \mathscr{C}^1(]0, a[, \mathbb{R})$ telles que :

$$z(0) = 0, \ z(a) = \sqrt{2}, \ z(t) > 0 \text{ sur }]0, a[\text{ et } \hat{J}(z) < +\infty,$$

avec $\hat{J}(z) = \int_0^a \hat{l}(z, \dot{z}) \, dt$.

Il est alors clair que $y \in \Omega$ est solution de $(\mathscr{P})$ si et seulement si $z = \sqrt{2y}$ est solution de $(\hat{\mathscr{P}})$.

a) Montrez que la fonction $\hat{l}$ est convexe. (On pourra observer que $\hat{l}$ vérifie $\hat{l}(z, v) = \left\| (z^{-1}, v) \right\|$).

b) Soit $x_0(\cdot) \in \Omega$ la solution de

$$\begin{cases} \dfrac{d}{dt}\left(\dfrac{\partial l}{\partial u}(x_0(t), \dot{x}_0(t))\right) = \dfrac{\partial l}{\partial x}(x_0(t), \dot{x}_0(t)) \text{ sur } [0, a], \\[2ex] (x_0(0), x_0(a)) = (0, 1). \end{cases}$$

Montrez que $z_0(\cdot) = \sqrt{2x_0(\cdot)}$ est solution de

$$\begin{cases} \dfrac{d}{dt}\left(\dfrac{\partial \hat{l}}{\partial v}(z_0(t), \dot{z}_0(t))\right) = \dfrac{\partial \hat{l}}{\partial z}(z_0(t), \dot{z}_0(t)) \text{ sur } [0, a], \\[2ex] (z_0(0), z_0(a)) = (0, \sqrt{2}). \end{cases} \qquad (1.15)$$

c) Montrez que $\left| \dfrac{\partial \hat{l}}{\partial z}(z, v) \right| \leq z^{-1} \leq \hat{l}(z, v)$ et que $\left| \dfrac{\partial \hat{l}}{\partial v}(z, v) \right| \leq 1$. En déduire, en intégrant l'inégalité

$$\hat{l}(z, \dot{z}) - \hat{l}(z_0, \dot{z}_0) \geq \dfrac{\partial \hat{l}}{\partial z}(z_0, \dot{z}_0)(z - z_0) + \dfrac{\partial \hat{l}}{\partial v}(z_0, \dot{z}_0)(\dot{z} - \dot{z}_0)$$

et en utilisant (1.15), que $z_0(\cdot)$ réalise le minimum de $(\hat{\mathscr{P}})$.

Exercice 9 (La méthode directe en Calcul des variations)
Le problème du Calcul des variations considéré est celui de la minimisation de

$$I(x) := \int_0^1 f(t, x(t)) \, dt + \int_0^1 g(t, x'(t)) \, dt,$$

sous les hypothèses suivantes :

(i) $f(t, u)$ et $g(t, v)$ sont des fonctions continues (des deux variables) et bornées inférieurement.

(ii) $g(t, \cdot)$ est convexe pour tout t, et minorée par une fonction quadratique de v (*i.e.*, il existe $\alpha > 0$ et β tels que $g(t, v) \geq \alpha \|v\|^2 + \beta$).

L'ensemble sur lequel on minimise I est

$$X = \left\{ x(\cdot) \in H^1(0, 1) \mid x(0) = a \text{ et } x(1) = b \right\},$$

où a et b sont donnés.
Montrer qu'il existe $\overline{x}(\cdot) \in X$ minimisant I sur X.

Exercice 10 (Produit scalaire *vs.* produit usuel de matrices symétriques)
Soit A et B deux matrices symétriques. On suppose que A est soit semidéfinie positive, soit semidéfinie négative. Montrer l'équivalence

$$(\mathrm{tr}(AB) = 0) \Leftrightarrow (A.B = 0).$$

Hint : Use the following trick

$$\mathrm{tr}(AB) = \mathrm{tr}(A^{1/2} A^{1/2} B^{1/2} B^{1/2}) = \cdots = \left\| A^{1/2} B^{1/2} \right\|^2.$$

Exercice 11 (Caractérisation de la positivité d'une fonction quadratique sur $\mathbb{R}^n$)
Soit $A \in \mathscr{S}_n(\mathbb{R})$, $b \in \mathbb{R}^n$, $c \in \mathbb{R}$, et

$$q : x \in \mathbb{R}^n \mapsto q(x) := \langle Ax, x \rangle + 2\langle b, x \rangle + c$$

la fonction quadratique sur $\mathbb{R}^n$ associée à ces données.
Montrer l'équivalence suivante :

$$(q(x) \geq 0 \text{ pour tout } x \in \mathbb{R}^n) \Leftrightarrow \left(\hat{A} := \begin{bmatrix} c & b^T \\ b & A \end{bmatrix} \text{ est semidéfinie positive} \right).$$

Hint : Passer par la forme quadratique $\hat{q}$ sur $\mathbb{R}^{n+1}$ définie comme suit :

$$(x, t) \in \mathbb{R}^n \times \mathbb{R} \mapsto \hat{q}(x, t) := \langle Ax, x \rangle + 2\langle b, x \rangle t + ct^2$$

(forme homogénéisée de la fonction quadratique q).

Exercice 12 (Quand un théorème de séparation se fait piéger)

Soit $\mathscr{A} := \mathrm{co}\left\{ \begin{bmatrix} 1 & 0 \\ -2 & -1 \end{bmatrix}, \begin{bmatrix} 1 & 0 \\ 2 & -1 \end{bmatrix}, \begin{bmatrix} -1 & -2 \\ 0 & 1 \end{bmatrix}, \begin{bmatrix} -1 & 2 \\ 0 & 1 \end{bmatrix} \right\}$, polyèdre convexe compact de $\mathscr{M}_2(\mathbb{R})$. On se pose la question suivante :

$$(\mathscr{Q}) \left(\begin{array}{c} M \in \mathscr{M}_2(\mathbb{R}) \\ Mx \in \mathscr{A}x \text{ pour tout } x \in \mathbb{R}^2 \end{array} \right) \stackrel{?}{\Rightarrow} (M \in \mathscr{A}).$$

1. Vérifier que $\mathscr{A} = \left\{ \begin{bmatrix} t & r \\ s & -t \end{bmatrix} \mid t \in [-1, +1], \ (r, s) \in [-2, +2]^2 \right\}$.

2. Montrer à l'aide d'un exemple que la réponse à $(\mathscr{Q})$ est non. (**Indication** : Prendre $M = \begin{bmatrix} 1 & 0 \\ 0 & 1 \end{bmatrix}$).

3. Quel commentaire vous inspire le résultat de cet exercice (à propos de la séparation de M et du convexe compact $\mathscr{A}$)?

Références

[A] D. Azé. *Éléments d'analyse convexe et variationnelle*. Éditions Ellipses, Paris, 1997.

[B] H. Brézis. *Analyse fonctionnelle*. Éditions Dunod, 2005.

[D] B. Dacorogna. *Direct methods in the calculus of variations*. (2nd edition), Springer Verlag, 2008.

[H] G. Helmberg. "Curiosities concerning weak topology in Hilbert space". *Amer. Math. Monthly* 113 (2006), p. 447–452.

[ABM] H. Attouch, G. Buttazzo et G. Michaille. *Variational analysis in Sobolev and BV spaces*. MPS-SIAM Series on Optimization, 2005.

[B], réédité plusieurs fois, illustre l'art du raccourci et de la synthèse dans la présentation et la démonstration des résultats.

[A] est une référence appropriée pour ce chapitre ; nous nous y référerons également plus loin, à l'occasion du chapitre sur "l'analyse convexe opératoire".

[A] et [B] sont de niveau M1, ce qui n'empêche pas qu'on peut s'y pencher en M2.

[ABM] et [D] sont d'un niveau plus élevé (carrément M2), et abordent chacun des aspects plus particuliers de l'analyse variationnelle. Ce sont des livres de référence, trop volumineux pour un seul enseignement (de M2).

Chapitre 2
CONDITIONS NÉCESSAIRES D'OPTIMALITÉ APPROCHÉE

"Good modern science implies good variational problems."
M. S. BERGER (1983)
"Nous devons nous contenter d'améliorer indéfiniment nos approximations." K. POPPER (1984)

Une condition nécessaire d'optimalité standard affirme que si $f : E \to \mathbb{R} \cup \{+\infty\}$ est minimisée en $\overline{x}$ et que f est différentiable en $\overline{x}$ (de différentielle $Df(\overline{x})$), alors $Df(\overline{x}) = 0$. La situation que l'on va examiner dans ce chapitre est celle où il n'y a pas (nécessairement) de minimiseurs de f sur E mais seulement des *minimiseurs approchés*, disons à ε près,

$$f(u) \leq \inf_E f + \varepsilon.$$

Que peut-on dire en de tels u? Une première tentation – mauvaise – est de penser que $Df(u)$ y est "petit", disons $\|Df(u)\|_* \leq \varepsilon$... Il n'en est rien, mais nous verrons que nous pouvons dire des choses en u, des *conditions nécessaires d'optimalité approchée*.

Points d'appui / Prérequis :
- Bases du calcul différentiel (dans les espaces de Banach)
- Rudiments d'analyse dans les espaces de Banach, de Hilbert.

J.-B. Hiriart-Urruty, *Bases, outils et principes pour l'analyse variationnelle*, 25
Mathématiques et Applications 70, DOI: 10.1007/978-3-642-30735-5_2,
© Springer-Verlag Berlin Heidelberg 2012

1 Condition nécessaire d'optimalité approchée ou principe variationnel d'EKELAND

1.1 Le théorème principal : énoncé, illustrations, variantes

Contexte :
$(E, \|\cdot\|)$ est un espace de *Banach*
$f : E \to \mathbb{R} \cup \{+\infty\}$, non identiquement égale à $+\infty$, *bornée inférieurement sur E*
f est *semicontinue inférieurement sur E*.

Quelques commentaires sur ces hypothèses :
- On l'aura noté, le contexte est très général... on est loin de l'hypothèse de différentiabilité sur f par exemple.
- On aurait pu prendre (E, d) espace métrique complet (et, de fait, certaines applications de ce qu'on va exposer se font dans un tel contexte), mais on a choisi $(E, \|\cdot\|)$ Banach car cela allège l'écriture et nous replace dans un contexte déjà étudié au Chapitre 1.
- f a été supposée bornée inférieurement, $\overline{f} := \inf_E f > -\infty$, c'est le minimum pour pouvoir parler de u, solution (ou minimiseur de f) à ε près (pour $\varepsilon > 0$) :

$$\left(\inf_E f \leq \right) f(u) \leq \inf_E f + \varepsilon. \tag{2.1}$$

Notons que, contrairement à la minimisation exacte, l'existence de minimiseurs à ε près (pour $\varepsilon > 0$) ne pose aucun problème : il y a toujours des minimiseurs à ε près ! Cela résulte de la définition même de inf A lorsque $A \subset \mathbb{R}$. L'unicité des minimiseurs à ε près n'est pas un problème non plus, il y a, généralement, une multitude de minimiseurs à ε près.

Une situation très particulière où ça n'est pas le cas est comme suit :

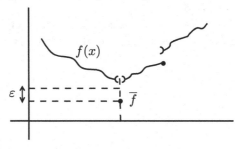

Un exemple introduction de mise en garde :

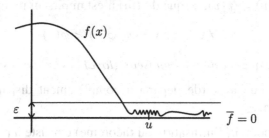

Ici f est dérivable sur $\mathbb{R}$. Même si u est un minimiseur à ε près de f, avec ε très petit, disons $\varepsilon = 10^{-6}$, la dérivée de f en u peut être très grande, disons $|f'(u)| = 10^{12}$!

Théorème 2.1 (I. Ekeland, 1974)
Pour $\varepsilon > 0$ une tolérance donnée, soit u un minimiseur à ε près de f sur E, c'est-à-dire vérifiant $f(u) \leq \overline{f} + \varepsilon$.
Alors, pour tout $\lambda > 0$, *il existe* $v \in E$ tel que :

 (i) $f(v) \leq f(u)$;

 (ii) $\|v - u\| \leq \lambda$;

 (iii) $\forall x \in E,\ x \neq v,\ f(v) < f(x) + \frac{\varepsilon}{\lambda}\|v - x\|$.

Commentaires

- Il s'agit bien d'un théorème *d'existence* : "il existe v tel que...". Le v exhibé dépend des choix précédents, on aurait pu noter $v_{\varepsilon, u, \lambda}$.

- (i) implique que le v exhibé *fait aussi bien que u* puisque

$$f(v) \leq f(u) \leq \overline{f} + \varepsilon,$$

  v est aussi un minimiseur à ε près de f sur E.

- (ii) exprime que l'*on contrôle la distance de v (exhibé) à u (donné au départ)*, et cette distance, c'est nous qui la contrôlons puisque $\lambda > 0$ est un choix libre de départ !

- Mais il faut compenser quelque part... plus λ est petit, plus grande est la perturbation $x \mapsto \frac{\varepsilon}{\lambda}\|x - v\|$ qui apparaît dans la formulation (iii).

- (iii) exprime un résultat de minimisation (globale). En effet, soit

$$\varphi : E \to \mathbb{R} \cup \{+\infty\}$$
$$x \mapsto \varphi(x) := f(x) + \frac{\varepsilon}{\lambda}\|v - x\|.$$

(la forme perturbée de f).

Comme $\varphi(v) = f(v)$, ce que dit (iii) n'est ni plus ni moins que

$$\forall x \in E, \ x \neq v, \ \varphi(v) < \varphi(x),$$

c'est-à-dire que v *est un minimiseur global (strict) de φ sur E.*

On notera que le u (de départ) a complètement disparu dans cette formulation...

Un premier raccourci (d'utilisation du théorème) consiste à prendre $\lambda = 1$, de sorte qu'on peut énoncer : Sous les hypothèses du théorème,

$$\begin{aligned} &\forall \varepsilon > 0, \exists v_\varepsilon \text{ tel que} \\ &f(v_\varepsilon) < f(x) + \varepsilon \|x - v_\varepsilon\| \text{ pour tout } x \in E, \ x \neq v_\varepsilon. \end{aligned} \tag{2.2}$$

C'est un résultat (raccourci) auquel nous ferons appel de temps en temps.

Une deuxième variante consiste à faire un compromis entre ε et λ : on choisit délibérément $\lambda = \sqrt{\varepsilon}$, ce qui fait que $\frac{\varepsilon}{\lambda} = \sqrt{\varepsilon}$ aussi. Cela donne donc :

Corollaire 2.2

$\varepsilon > 0$ étant donné, soit u un minimiseur à ε près de f sur E. Il *existe* alors $v_\varepsilon \in E$ tel que :

(i) $f(v_\varepsilon) \leq f(u)$ (et donc $\leq \overline{f} + \varepsilon$) ;

(ii) $\|v_\varepsilon - u\| \leq \sqrt{\varepsilon}$;

(iii) $\forall x \in E, \ x \neq v_\varepsilon, \ f(v_\varepsilon) < f(x) + \sqrt{\varepsilon} \|v - x\|$.

Avant de faire la démonstration (complète) du théorème d'Ekeland, exposons deux illustrations.

$1^{\text{ère}}$illustration : Problème de minimisation avec contraintes.

Considérons

$$(\mathscr{P}) \begin{cases} \text{Minimiser } f(x), \\ x \in S, \end{cases}$$

où $f : E \to \mathbb{R}$ est continue, S un fermé non vide de E (lequel est toujours un Banach), et f est bornée inférieurement sur S ($\inf_S f > -\infty$).

À $\varepsilon > 0$ fixé, on dit que $u \in S$ est une solution à ε près de $(\mathscr{P})$, ou bien est un minimiseur à ε près de f sur S, lorsque $f(u) \leq \inf_S f + \varepsilon$. La condition nécessaire d'optimalité approchée, adaptée au présent contexte, donne ceci :

Soit u un ε minimiseur de f sur S. Alors, pour tout $\lambda > 0$, *il existe $v \in S$ tel que :*

(i) $f(v) \leq f(u)$;

(ii) $\|v - u\| \leq \lambda$;

(iii) $\forall x \in S$, $x \neq v$, $f(v) < f(x) + \frac{\varepsilon}{\lambda} \|x - v\|$.

La démonstration en est simple. Considérons $\tilde{f} : E \to \mathbb{R} \cup \{+\infty\}$ définie par $\tilde{f} := f + i_S$ (d'où $\tilde{f}(x) = f(x)$ si $x \in S$, $+\infty$ sinon). Il est clair que minimiser f sur S (exactement ou à ε près) équivaut à minimiser $\tilde{f}$ sur E (exactement ou à ε près), car $\inf_S f = \inf_E \tilde{f}$.

La fonction $\tilde{f}$, somme de la fonction continue f et de la fonction s.c.i. i_S (n'oublions pas que S a été supposé fermé), est s.c.i. sur E. D'après le théorème principal, il existe $v \in E$ tel que :

(i) $\tilde{f}(v) \leq \tilde{f}(u) = f(u)$, donc $\tilde{f}(v) < +\infty$, et $v \in S$, $\tilde{f}(v) = f(v)$;

(ii) $\|v - u\| \leq \lambda$ (rien ne change ici) ;

(iii) $f(v) = \tilde{f}(v) < \tilde{f}(x) + \frac{\varepsilon}{\lambda} \|x - v\|$ pour tout $x \in E$, $x \neq v$,

soit encore

$$f(v) < f(x) + \frac{\varepsilon}{\lambda} \|x - v\| \text{ pour tout } x \in S, \ x \neq v.$$

$2^{\text{éme}}$illustration : Quand la différentiabilité entre en jeu.

Commençons par un exercice sous forme de challenge...

Soit $f : \mathbb{R}^n \to \mathbb{R}$ une fonction différentiable et bornée inférieurement sur $\mathbb{R}^n$. Alors, pour tout $\varepsilon > 0$, il existe x_ε tel que $\|\nabla f(x_\varepsilon)\| \leq \varepsilon$.

Comment démontreriez-vous ce résultat ? Pas facile, hein ?

Faisons donc entrer en jeu la différentiabilité dans la condition nécessaire d'optimalité approchée d'Ekeland. Pour un aparté de révision sur les différentes notions de différentiabilité utiles, se reporter à l'Annexe.

Corollaire 2.3 Soit $f : E \to \mathbb{R}$ continue et Gâteaux-différentiable sur E ; on suppose de plus que f est bornée inférieurement sur E.

Pour un $\varepsilon > 0$ donné, soit u un minimiseur à ε près de f sur E. Alors *il existe* $v_\varepsilon \in E$ tel que :

(i) $f(v_\varepsilon) \leq f(u)$;

(ii) $\|v_\varepsilon - u\| \leq \sqrt{\varepsilon}$;

(iii) $\|D_G f(v_\varepsilon)\|_* \leq \sqrt{\varepsilon}$.

En raccourci cela donne : $\forall \varepsilon > 0$, $\exists v_\varepsilon$ tel que $\|D_G f(v_\varepsilon)\|_* \leq \sqrt{\varepsilon}$; ce qui permet de résoudre l'exercice proposé au-dessus.

Démonstration du corollaire :

Seul le point (iii) est à démontrer. Nous savons que

$$\forall x \in E, \ \varphi(v_\varepsilon) \leq \varphi(x), \tag{2.3}$$

où $\varphi(x) := f(x) + \frac{\varepsilon}{\lambda} \|v_\varepsilon - x\|$. Ce qu'exprime (2.3) est que v_ε est un minimiseur (global, d'ailleurs) de φ sur E. *Mais* on ne peut affirmer que $D\varphi(v_\varepsilon) = 0$ car φ n'est pas différentiable en v_ε. Rappelons-nous (et revoyons sous forme d'exercice si nécessaire) qu'une norme sur E (quelle qu'elle soit) n'est jamais différentiable en 0. Exploitons néanmoins (2.3) avec divers choix de x. Soit $d \neq 0$ dans E et $\alpha > 0$; avec les choix successifs de $x = v_\varepsilon + \alpha d$ et de $x = v_\varepsilon - \alpha d$, on obtient à partir de (2.3) :

$$f(v_\varepsilon + \alpha d) - f(v_\varepsilon) \geq -\sqrt{\varepsilon}\, \alpha \|d\|,$$
$$f(v_\varepsilon - \alpha d) - f(v_\varepsilon) \geq -\sqrt{\varepsilon}\, \alpha \|d\|,$$

soit encore

$$\frac{f(v_\varepsilon + \alpha d) - f(v_\varepsilon)}{\alpha} \geq -\sqrt{\varepsilon}\, \|d\|,$$

$$\frac{f(v_\varepsilon - \alpha d) - f(v_\varepsilon)}{(-\alpha)} \leq \sqrt{\varepsilon}\, \|d\|.$$

Comme f est Gâteaux-différentiable en v_ε, un passage à la limite, $\alpha \to 0$, dans les deux inégalités au-dessus conduit à :

$$\langle D_G f(v_\varepsilon), d \rangle \geq -\sqrt{\varepsilon}\, \|d\|,$$
$$\langle D_G f(v_\varepsilon), d \rangle \leq \sqrt{\varepsilon}\, \|d\|,$$

d'où

$$|\langle D_G f(v_\varepsilon), d \rangle| \leq \sqrt{\varepsilon}\, \|d\|.$$

Par conséquent,

$$\|D_G f(v_\varepsilon)\|_* := \sup_{\substack{d \in E \\ \|d\| \leq 1}} |\langle D_G f(v_\varepsilon), d \rangle| \leq \sqrt{\varepsilon}. \quad \text{CQFD} \quad \square$$

Si on revient à l'exemple de mise en garde du début du paragraphe (*cf.* page 27) : "en u minimiseur à $\varepsilon = 10^{-6}$ près de f, la dérivée n'est pas petite... mais il y a un v pas trop loin de u, $|v - u| \leq 10^{-3}$, lui-même minimiseur à 10^{-6} près de f, en lequel la dérivée est petite, $|f'(v)| \leq 10^{-3}$ précisément...". Avouez que ça ne se devine pas !

1.2 La démonstration du théorème principal

Le résultat central qui va servir est le suivant; on a tous fait cet exercice quand on était petit...

Lemme 2.4 Soit (S_k) une suite *décroissante* (au sens de l'inclusion) de *fermés* de E (espace de Banach, donc *complet*). On suppose que

$$\operatorname{diam}(S_k) := \sup_{x,y \in S_k} \|x - y\| \to 0 \text{ quand } k \to +\infty.$$

Alors, $\displaystyle\bigcap_{k=0}^{+\infty} S_k$ n'est pas vide et est réduit à un seul point (c'est ce qu'on appelle un singleton).

On va construire de manière récursive une suite de points x_k de E et une suite de fermés (non vides) S_k de E :

$$x_0 \searrow S_0 \nearrow x_1 \searrow S_1 \nearrow \cdots x_k \searrow S_k \nearrow x_{k+1} \searrow \quad \begin{array}{l}(x_k)\\ \cdots (S_k)\end{array}$$

Initialisation du processus :
$x_0 := u$, le minimiseur à ε près de f sur E figurant comme donnée première du théorème.
$$S_0 := \left\{ x \in E \mid f(x) + \frac{\varepsilon}{\lambda} \|x - x_0\| \le f(u) \right\}.$$

S_0 est un ensemble de sous-niveau de la fonction $x \mapsto f(x) + \dfrac{\varepsilon}{\lambda} \|x - x_0\|$, laquelle est s.c.i. (somme d'une fonction s.c.i. et d'une fonction continue), donc S_0 est fermé. De plus, S_0 n'est pas vide puisque $x_0 \in S_0$.

Ayant x_k, comment on définit S_k
Ayant x_k, on définit S_k comme suit :

$$S_k := \left\{ x \in E \mid f(x) + \frac{\varepsilon}{\lambda} \|x - x_k\| \le f(x_k) \right\}.$$

Pour les mêmes raisons que celles évoquées plus haut, pour $k = 0$, S_k est un fermé de E et il contient x_k.

Ayant S_k, comment on définit x_{k+1}
Soit $m_k := \inf_{S_k} f$. Comme

$$-\infty < \inf_E f \le m_k \le f(x_k) \quad (< +\infty),$$

il est loisible de choisir $x_{k+1} \in S_k$ tel que

$$f(x_{k+1}) \le \frac{1}{2} \left[f(x_k) + m_k \right].$$

(il n'est pas exclu que x_{k+1} puisse être pris égal à x_k si $f(x_k) = m_k$).
Puis on définit S_{k+1} comme plus haut, et ainsi de suite.
Analysons les propriétés des suites (de points) (x_k) et de fermés (S_k) que l'on vient de définir. Les choses ne sont pas difficiles, mais il faut y aller progressivement.

$(\mathscr{P}_1)$ (S_k) est décroissante : $\forall k$, $S_{k+1} \subset S_k$.
Soit en effet $x \in S_{k+1}$. Cela signifie, par définition même de S_{k+1},

$$f(x) + \frac{\varepsilon}{\lambda} \|x - x_{k+1}\| \le f(x_{k+1}). \tag{2.4}$$

De par l'inégalité triangulaire, on en déduit :

$$f(x) + \frac{\varepsilon}{\lambda} \|x - x_k\| \le f(x) + \frac{\varepsilon}{\lambda} \|x - x_{k+1}\| + \frac{\varepsilon}{\lambda} \|x_{k+1} - x_k\|$$

$$\le f(x_{k+1}) + \frac{\varepsilon}{\lambda} \|x_{k+1} - x_k\| \text{ (grâce á (2.4)),}$$

$$\le f(x_k) \text{ (puisque } x_{k+1} \in S_k \text{ par construction)}.$$

D'où, finalement,

$$f(x) + \frac{\varepsilon}{\lambda} \|x - x_k\| \le f(x_k),$$

qui traduit bien le fait que $x \in S_k$.

$(\mathscr{P}_2)$ (m_k) est croissante.
Comme $S_{k+1} \subset S_k$,

$$m_{k+1} := \inf_{S_{k+1}} f \ge \inf_{S_k} f =: m_k.$$

$(\mathscr{P}_3)$ Décroissance géométrique de $(f(x_k) - m_k)_k$:

$$f(x_{k+1}) - m_{k+1} \le \frac{1}{2} \left[f(x_k) - m_k \right]. \tag{2.5}$$

En effet,

$$f(x_{k+1}) \le \frac{1}{2} \left[f(x_k) + m_k \right] \text{ (par construction de } x_{k+1}),$$

$$m_k \le m_{k+1} \text{ (démontré au point}(\mathscr{P}_2)) ;$$

cela implique

$$f(x_{k+1}) - m_{k+1} \leq \frac{1}{2} [f(x_k) + m_k] - m_k = \frac{1}{2} [f(x_k) - m_k].$$

($\mathscr{P}_4$) Le diamètre de S_k, $\delta_k := \mathrm{diam}(S_k)$, tend vers 0 quand $k \to +\infty$.
Par définition, $\delta_k = \sup\limits_{a,b \in S_k} \|a - b\|$.
Soit $a \in S_k$. Par définition même de S_k,

$$f(a) + \frac{\varepsilon}{\lambda} \|a - x_k\| \leq f(x_k).$$

En conséquence,

$$m_k + \frac{\varepsilon}{\lambda} \|a - x_k\| \leq f(x_k),$$

$$\|a - x_k\| \leq \frac{\lambda}{\varepsilon} [f(x_k) - m_k].$$

En réitérant l'inégalité (2.5), il s'ensuit :

$$\|a - x_k\| \leq \frac{\lambda}{\varepsilon} \frac{1}{2^k} [f(x_0) - m_0].$$

Si b est un autre élément (quelconque) de S_k,

$$\|a - b\| \leq \|a - x_k\| + \|x_k - b\| \leq \frac{\lambda}{\varepsilon} \frac{1}{2^{k-1}} [f(x_0) - m_0].$$

In fine,

$$\delta_k \leq \frac{\lambda}{\varepsilon} \frac{1}{2^{k-1}} [f(x_0) - m_0],$$

et $\delta_k \to 0$ quand $k \to +\infty$.

Avec toutes ces propriétés énoncées de (S_k), on fait appel au lemme rappelé en début de démonstration : $\bigcap\limits_{k=0}^{+\infty} S_k = \{v\}$. Montrons que ce v fait notre affaire, c'est-à-dire que les propriétés (i), (ii) et (iii) annoncées du théorème sont bel et bien vérifiées.

Propriété (i). Puisque $v \in S_0$ (forcément...),

$$f(v) + \frac{\varepsilon}{\lambda} \|v - u\| \leq f(u) \ \left(\text{de par la définition même de } S_0\right), \qquad (2.6)$$

d'où $f(v) \leq f(u)$.

<u>Propriété (ii)</u>. De (2.6) il vient :

$$\overline{f} + \frac{\varepsilon}{\lambda} \|v - u\| \le f(u) \le \overline{f} + \varepsilon \ \left(\text{rappelons que } \overline{f} = \inf_{E} f\right) ;$$

d'où $\|v - u\| \le \lambda$.

<u>Propriété (iii)</u>. C'est le point le plus délicat... On va démontrer (iii) sous la forme contraposée suivante

$$\left(x \in E, \ f(x) + \frac{\varepsilon}{\lambda} \|x - v\| \le f(v) \right) \Rightarrow (x = v) . \qquad (2.7)$$

On est d'accord que cela revient au même ?

Partons donc de $x \in E$ vérifiant $f(x) + \frac{\varepsilon}{\lambda} \|x - v\| \le f(v)$.

Pour tout k, $\|x - v\| \ge \|x - x_k\| - \|x_k - v\|$ (toujours cette fichue inégalité triangulaire) ; donc

$$f(x) + \frac{\varepsilon}{\lambda} \|x - x_k\| - \frac{\varepsilon}{\lambda} \|x_k - v\| \le f(v),$$

soit encore

$$f(x) + \frac{\varepsilon}{\lambda} \|x - x_k\| \le f(v) + \frac{\varepsilon}{\lambda} \|x_k - v\|$$
$$\le f(x_k) \text{ puisque } v \in S_k.$$

En somme :

$$f(x) + \frac{\varepsilon}{\lambda} \|x - x_k\| \le f(x_k) \text{ pour tout } k,$$

ce qui revient à dire :

$$x \in S_k \text{ pour tout } k,$$

soit $x \in \bigcap_{k=0}^{+\infty} S_k = \{v\}$, donc $x = v$.

On a donc démontré (2.7), c'est-à-dire que mis à part $x = v$,

$$f(x) + \frac{\varepsilon}{\lambda} \|x - v\| > f(v).$$

$\square$

1.3 Compléments

• Le théorème d'Ekeland est un outil d'Analyse appliquée très puissant, aussi puissant sans doute que "la technologie des approximations successives pour

les points fixes d'applications contractantes" (voir plus loin pour un lien entre les deux). Deux points que nous soulignons toutefois :
- L'importance du caractère *complet* de E... Il a même été démontré que, peu ou prou, le théorème d'Ekeland s'applique si et seulement si E est complet.
- Avec $\varepsilon = \frac{1}{k}$, on exhibe v_k tel que $f(v_k) \leq \overline{f} + \frac{1}{k}$. On est donc tenté – j'ai vu ça plusieurs fois chez les étudiants – de passer à la limite sur k, en extrayant une sous-suite convergente (v_{k_n}) de (v_k)... sauf que (v_k) n'a pas forcément de sous-suite convergente. Si tel était le cas, si $v_{k_n} \to v$ quand $n \to +\infty$,

$$\liminf_{n \to +\infty} f(v_{k_n}) \geq f(v) \text{ car } f \text{ est s.c.i.},$$
$$\limsup_{n \to +\infty} f(v_{k_n}) \leq \overline{f},$$

soit $f(v) = \overline{f}$... On est loin de telles situations, c'est plus volontiers que "v_k s'échappe à l'infini" (for whatever that means...).

• Le contexte classique de la méthode des approximations successives pour les points fixes des applications contractantes est le suivant :

(E, d) est un espace métrique complet ; φ est une contraction sur E, c'est-à-dire il existe $0 < k < 1$ tel que :

$$\forall x, y \in E, \ d\left[\varphi(x), \varphi(y)\right] \leq k \, d(x, y). \tag{2.8}$$

Alors φ a un point fixe et un seul (un seul point $\overline{x} \in E$ pour lequel $\varphi(\overline{x}) = \overline{x}$). L'unicité du point fixe ne pose pas problème, c'est son *existence* qui en pose. Voyons comment le théorème d'Ekeland permet d'y accéder facilement. Définissons $f : E \to \mathbb{R}$ par $f(x) := d\left[x, \varphi(x)\right]$. Bien sûr, f est continue et bornée inférieurement sur E ($\inf_{E} f \geq 0$ puisque $f \geq 0$). Choisissons $\varepsilon > 0$ de telle sorte que $\varepsilon < 1 - k$ (possible puisque $1 - k > 0$). Grâce au raccourci énoncé en page 28 (*cf.* Corollaire 2.2), il existe $v \in E$ tel que

$$f(v) \leq f(x) + \varepsilon \, d(x, v) \text{ pour tout } x \in E. \tag{2.9}$$

Nous proposons $\overline{x} := \varphi(v)$; démontrons que cet $\overline{x}$ fait notre affaire, c'est-à-dire que $\varphi(\overline{x}) = \overline{x}$.

Premier point : exploitation de la propriété de contraction (2.8) avec $\overline{x}$ et v, soit

$$d\left[\overline{x}, \varphi(\overline{x})\right] = d\left[\varphi(v), \varphi(\overline{x})\right] \leq k \, d(\overline{x}, v). \tag{2.10}$$

Deuxième point : exploitation de l'inégalité (2.9) avec $\overline{x}$ et v, soit

$$f(v) := d[v, \underbrace{\varphi(v)}_{=\overline{x}}] \leq \underbrace{f(\overline{x})}_{=d[\overline{x}, \varphi(\overline{x})]} + \varepsilon \, d(\overline{x}, v). \qquad (2.11)$$

En combinant (2.10) et (2.11), cela donne :

$$d(v, \overline{x}) \leq (k + \varepsilon) \, d(\overline{x}, v),$$

ce qui est impossible à tenir avec $d(v, \overline{x}) > 0$ puisque $k + \varepsilon < 1$.
Donc $d(v, \overline{x}) = 0$, c'est-à-dire $(\varphi(\overline{x}) =) \, v = \overline{x}$.
Dans cette manière de faire – élégante au demeurant – on a perdu une chose : la méthode ou technique des approximations successives, celle qui faisait qu'on approchait le point fixe $\overline{x}$ de φ par la suite définie par : $x_{k+1} := \varphi(x_k)$.

• Lorsque E est de dimension finie, ce qui, reconnaissons-le, n'est pas le contexte habituel des problèmes variationnels, il est possible de démontrer des variantes du théorème d'Ekeland avec des perturbations modelées sur $\|\cdot\|^p$, $p \geq 1$, et donc éventuellement différentiables (comme c'est le cas pour la norme euclidienne $\|\cdot\|$ et $p = 2$).
Ceci nous rapproche de ce qui va être démontré au § 2.

Théorème 2.5 Soit $f : \mathbb{R}^n \to \mathbb{R} \cup \{+\infty\}$ semicontinue inférieurement et bornée inférieurement sur $\mathbb{R}^n$. Soit $\lambda > 0$ et $p \geq 1$.
La tolérance $\varepsilon > 0$ étant donnée, soit u un minimiseur à ε près de f sur $\mathbb{R}^n$, i.e. vérifiant $f(u) \leq \overline{f} + \varepsilon$.
Alors il existe $v \in \mathbb{R}^n$ tel que :

(i) $f(v) \leq f(u)$ [et même $f(v) + \dfrac{\varepsilon}{\lambda} \|v - u\|^p \leq f(u)$];

(ii) $\|v - u\| \leq \lambda$;

(iii) $\forall x \in \mathbb{R}^n$, $f(v) + \dfrac{\varepsilon}{\lambda^p} \|v - u\|^p \leq f(x) + \dfrac{\varepsilon}{\lambda^p} \|x - u\|^p$.

<u>Démonstration :</u> Considérons la fonction $\theta := \mathbb{R}^n \to \mathbb{R} \cup \{+\infty\}$ définie par

$$\theta(x) := f(x) + \frac{\varepsilon}{\lambda^p} \|x - u\|^p.$$

f est s.c.i. et bornée inférieurement sur $\mathbb{R}^n$; $\|x - u\|^p \to +\infty$ quand $\|x\| \to +\infty$. Ces deux raisons font que f est s.c.i. et 0-coercive sur $\mathbb{R}^n$ ($f(x) \to +\infty$ quand $\|x\| \to +\infty$).
Par conséquent – et c'est là que la dimension finie de $E = \mathbb{R}^n$ joue un rôle – *il existe* $v \in \mathbb{R}^n$ minimisant θ sur $\mathbb{R}^n$. Vérifions que ce v fait notre affaire.

<u>Point (i)</u>. $\theta(v) \leq \theta(u)$, soit $f(v) + \dfrac{\varepsilon}{\lambda^p} \|v - u\|^p \leq f(u)$.

<u>Point (ii)</u>. On a

$$\overline{f} + \frac{\varepsilon}{\lambda^p} \|v - u\|^p \leq f(v) + \frac{\varepsilon}{\lambda^p} \|v - u\|^p \leq f(u) \leq \overline{f} + \varepsilon,$$

d'où

$$\frac{\varepsilon}{\lambda^p} \|v - u\|^p \leq \varepsilon,$$

et donc $\|v - u\| \leq \lambda$.

<u>Point (iii)</u>. $\theta(v) \leq \theta(x)$ pour tout $x \in \mathbb{R}^n$ se traduit par :

$$f(v) + \frac{\varepsilon}{\lambda^p} \|v - u\|^p \leq f(x) + \frac{\varepsilon}{\lambda^p} \|x - u\|^p \text{ pour tout } x \in \mathbb{R}^n,$$

c'est-à-dire l'inégalité de (iii) annoncée.   □

Remarque 2.6 Dans le cas particulier où $p = 1$, l'inégalité (iii) du théorème ci-dessus dit :

$$\forall x \in \mathbb{R}^n, \ f(v) + \frac{\varepsilon}{\lambda} \|v - u\| \leq f(x) + \frac{\varepsilon}{\lambda} \|x - u\|.$$

Il s'ensuit :

$$\forall x \in \mathbb{R}^n, \ f(v) \leq f(x) + \frac{\varepsilon}{\lambda}\Big[\|x - u\| - \|v - u\| \Big] \leq f(x) + \frac{\varepsilon}{\lambda} \|x - v\|,$$

ce qui est (l'essentiel de) l'inégalité (iii) du théorème d'Ekeland.

2 Condition nécessaire d'optimalité approchée ou principe variationnel de BORWEIN-PREISS

2.1 Le théorème principal : énoncé, quelques illustrations

Dans ce paragraphe, l'idée est de présenter une condition nécessaire d'optimalité approchée ou principe variationnel avec des perturbations "lisses" de f, de la forme $\|\cdot\|^p$ par exemple. Le résultat ne sera pas décliné dans toute se généralité, mais dans un contexte simplifié : l'espace sous-jacent sera un Hilbert et la perturbation de type $\|\cdot\|^2$.

Contexte :

$(H, \langle \cdot, \cdot \rangle)$ est un espace de *Hilbert* ($\|\cdot\| = \sqrt{\langle \cdot, \cdot \rangle}$ est la norme associée à $\langle \cdot, \cdot \rangle$).

$f : H \to \mathbb{R} \cup \{+\infty\}$, non identiquement égale à $+\infty$, *bornée inférieurement sur H*.

f est *semicontinue inférieurement sur H*.

Un des avantages de la norme hilbertienne $\|\cdot\| = \sqrt{\langle \cdot, \cdot \rangle}$ est qu'elle est très manipulable pour les calculs (rappelons que $\|x + y\|^2 = \|x\|^2 + \|y\|^2 + 2\langle x, y \rangle$) et que la fonction $x \mapsto \|x\|^2$ est $\mathscr{C}^\infty$ sur H.

Théorème 2.7 (J. Borwein et D. Preiss, 1987)

La tolérance $\varepsilon > 0$ étant donnée, soit u tel que $f(u) < \overline{f} + \varepsilon$. Alors, pour tout $\lambda > 0$, *il existe v et w dans H tels que* :

(i) $f(v) < \overline{f} + \varepsilon$;

(ii) $\|v - u\| < \lambda$ et $\|w - v\| < \lambda$;

(iii) v minimise la fonction $x \mapsto g(x) := f(x) + \dfrac{\varepsilon}{\lambda^2} \|x - w\|^2$ sur H.

Commentaires

- C'est encore un théorème *d'existence* : "il existe v et w...", mais cette fois-ci ce sont *deux* points qui sont exhibés.
- (i) indique que le v exhibé fait aussi bien que u.
- (ii) contrôle les distances de v et w par rapport au u de départ : $\|v - u\| < \lambda$ mais aussi $\|w - u\| < 2\lambda$.
- La fonction perturbant f dans (iii) est $\mathscr{C}^\infty$ cette fois. Voyons ce que signifie (iii) géométriquement. Introduisons pour cela $p(x) = -\frac{\varepsilon}{\lambda^2} \|x - w\|^2$; le graphe de p est parabolique, tourné vers le bas (car p est quadratique concave), son sommet est atteint en $x = w$.

Réécrivons (iii) de manière différente mais équivalente :

$$\forall x \in H, \ g(x) \geq g(v)$$
$$\Leftrightarrow f(x) + \frac{\varepsilon}{\lambda^2} \|x - w\|^2 \geq f(v) + \frac{\varepsilon}{\lambda^2} \|v - w\|^2,$$

soit encore :

$$\forall x \in H, \ f(x) - f(v) \geq p(x) - p(v). \tag{2.12}$$

Ainsi, *le graphe de f est au-dessus du graphe parabolique de p, et les deux se touchent au point $(v, f(v))$.*

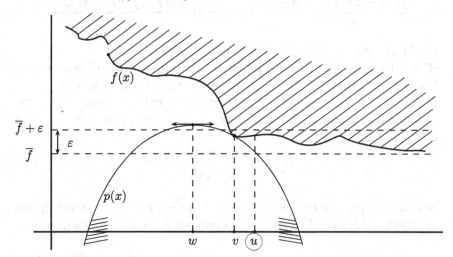

(iii) peut d'ailleurs être raffiné en précisant que v est point de minimisation unique de la fonction perturbée g sur H, bref le point de contact $(v, f(v)) = (v, p(v))$ entre les deux graphes est le seul.

- En général, $v \neq w$, il n'y a aucune raison pour qu'ils coïncident. La pente de p au point v (de contact) est $\nabla p(v) = -\frac{2\varepsilon}{\lambda^2}(v - w)$. Avec les estimations données en (ii), $\|\nabla p(v)\| < \frac{2\varepsilon}{\lambda}$. Le vecteur $\nabla p(v)$ jouerait un rôle de "sous-gradient" ou de "gradient par dessous" de f en x... Évidemment, si f se trouvait être différentiable en v (in whatever sense), $\nabla f(v) = \nabla p(v)$.

Précisons le rôle du point v par rapport à f, avec des substituts de conditions nécessaires d'optimalité, du 1er comme du 2nd ordre.

Corollaire 2.8 Le vecteur $s := \nabla p(v)$ vérifie :

(C1) [sorte de condition de minimalité du 1er ordre]

$$\liminf_{x \to v} \frac{f(x) - f(v) - \langle s, x - v \rangle}{\|x - v\|} \geq 0 \ ;$$

(C2) [sorte de condition de minimalité du 2nd ordre]

$$\liminf_{x \to v} \frac{f(x) - f(v) - \langle s, x - v \rangle}{\|x - v\|^2} \geq -\frac{\varepsilon}{\lambda^2} \, .$$

Démonstration : Comme

$$\frac{f(x) - f(v) - \langle s, x - v \rangle}{\|x - v\|} = \|x - v\| \frac{f(x) - f(v) - \langle s, x - v \rangle}{\|x - v\|^2};$$

il est facile de voir que (C1) est une conséquence de (C2).

(C2) est une condition de "minoration de courbure" de f en v par $-\frac{\varepsilon}{\lambda^2}$, laquelle est la courbure en tout point de la fonction quadratique p.

Soit $\theta(x) := f(x) - p(x)$, θ mesure l'écart entre les deux fonctions f et p. On a déjà observé (cf. (2.12)) que $\theta(x) \geq \theta(v)$ pour tout $x \in H$. En conséquence,

$$\liminf_{x \to v} \frac{\theta(x) - \theta(v)}{\|x - v\|^2} \geq 0. \tag{2.13}$$

Sachant que $p(x) = p(v) + \langle s, x - v \rangle - \frac{\varepsilon}{\lambda^2} \|x - v\|^2$ (c'est le développement de Taylor à l'ordre 2 de p en x, exact puisque p est quadratique), on a :

$$\theta(x) = f(x) - p(x) = f(x) - p(v) - \langle s, x - v \rangle + \frac{\varepsilon}{\lambda^2} \|x - v\|^2,$$

$$-\theta(v) = p(v) - f(v),$$

d'où

$$\theta(x) - \theta(v) = f(x) - f(v) - \langle s, x - v \rangle + \frac{\varepsilon}{\lambda^2} \|x - v\|^2.$$

Le résultat (C2) annoncé resulte alors de (2.13).   □

On se souvient des conditions nécessaires d'optimalité suivantes :

Si $f : H \to \mathbb{R}$ est minimisée (même localement) en $\overline{x}$ et que f est deux fois différentiable en $\overline{x}$, alors $\nabla f(\overline{x}) = 0$ et $D^2 f(\overline{x})$ est "positive", i.e. pour tout $d \in H$, $D^2 f(\overline{x})(d, d) \geq 0$.

En particulier,

$$\liminf_{x \to \overline{x}} \frac{f(x) - f(\overline{x}) - \langle \nabla f(\overline{x}), x - \overline{x} \rangle}{\|x - \overline{x}\|^2} \geq 0 . \tag{2.14}$$

Mais que se passe-t-il quand il n'y a pas de minimiseur exact comme $\overline{x}$?

On a alors une sorte de conditions d'optimalité du 1er et 2nd ordre asymptotiques, avec des points qui "s'échappent à l'infini" ; elles sont bien sûr obtenues à partir de principes variationnels concernant des minimiseurs approchés de f.

Proposition 2.9 Outre les hypothèses sur f au début du paragraphe (p. 38), supposons que f soit Gâteaux-différentiable sur H. Soit (x_k) une suite minimisante pour f, c'est-à-dire telle $f(x_k) \to \overline{f}$ quand $k \to +\infty$.

Il existe alors une suite (v_k) de points de H vérifiant les trois propriétés suivantes :

(i) $f(v_k) \to \overline{f}$ quand $k \to +\infty$ [(v_k) est aussi une suite minimisante pour f];

(ii) $\|v_k - x_k\| \to 0$ quand $k \to +\infty$ [l'écart entre v_k et x_k se resserre au fur et à mesure que k augmente].

(iii) $\|\nabla_G f(v_k)\| \to 0$ quand $k \to +\infty$ [condition nécessaire d'optimalité du 1er ordre asymptotique].

(iv) $\displaystyle \liminf_{k \to +\infty} \left[\liminf_{x \to v_k} \frac{f(x) - f(v_k) - \langle \nabla_G f(v_k), x - v_k \rangle}{\|x - v_k\|^2} \right] \geq 0$ (2.14$_\infty$)

[condition nécessaire d'optimalité du 2nd ordre asymptotique; une sorte de version "asymptotisée" de (2.14)]

<u>Démonstration</u> : Pour k entier ≥ 1, soit $\varepsilon_k := f(x_k) - \overline{f} + \frac{1}{k}$. Par construction, $\varepsilon_k > 0$, et par hypothèse $\varepsilon_k \to 0$. Évidemment – et cela a été fait pour :

$$f(x_k) < \overline{f} + \varepsilon_k.$$

Appliquons le théorème de BORWEIN- PREISS avec $u = x_k$, $\varepsilon = \varepsilon_k$ et $\lambda_k = (\varepsilon_k)^{1/3}$ par exemple. Il existe alors v_k et w_k tels que :
- $f(v_k) < \overline{f} + \varepsilon_k$, d'où $f(v_k) \to \overline{f}$ quand $k \to +\infty$;
- $\|v_k - x_k\| < \lambda_k = (\varepsilon_k)^{1/3}$, d'où $\|v_k - x_k\| \to 0$ quand $k \to +\infty$;
- $\|s_k = \nabla_G f(v_k)\| < \dfrac{2\varepsilon_k}{\lambda_k} = 2(\varepsilon_k)^{2/3}$, d'où $\|\nabla_G f(v_k)\| \to 0$ quand $k \to +\infty$.

Par ailleurs, appliquant la condition (C2) du corollaire 2.8 de la page 39, gardant à l'esprit que $s_k = \nabla p(v_k) = \nabla_G f(v_k)$,

$$\liminf_{x \to v_k} \frac{f(x) - f(v_k) - \langle \nabla_G f(v_k), x - v_k \rangle}{\|x - v_k\|^2} \geq -\frac{\varepsilon_k}{\lambda_k^2} = -(\varepsilon_k)^{1/3}.$$

L'inégalité (2.14$_\infty$) s'ensuit.   □

La démonstration du Théorème de BORWEIN- PREISS n'est pas facile, en tout cas pas aussi directe que celle d'EKELAND. Voici ce qu'on peut en dire :
– Si H est de dimension finie (H espace euclidien), il est possible d'en faire une démonstration dans l'esprit de celle du Théorème 2.5 de la page 36.
– Dans un contexte d'espace de Hilbert, outre la démonstration d'origine dans [BP], il y a celle de Clarke, Ledyaev, Stern et Wolenski dans leur livre ([CLSW], Chap. 1, § 4 et 5), mais il faut avoir traité d'autres choses avant

(l'inf-convolution avec des fonctions quadratiques)... c'est souvent comme cela en mathématiques.

Dans un contexte encore plus général, E est un espace de Banach, le théorème de BORWEIN- PREISS a fait des petits, il y a de nombreux articles qui ont été écrits sur le sujet, [FHV] en est un exemple choisi. Le Chapitre 8 de [Sc] est entièrement consacré à ces principes variationnels.

2.2 Applications en théorie de l'approximation hilbertienne

Le problème-modèle en approximation hilbertienne est le suivant :
Étant donné $x \in H$ (espace de Hilbert), S *une partie fermée non vide de* H, résoudre le problème de minimisation suivant

$$(\mathscr{P}_x) \begin{cases} \text{Minimiser } \|x - c\| \text{ (ou, ce qui revient au même, } \frac{1}{2}\|x - c\|^2) \\ c \in S. \end{cases}$$

Comme $\|\cdot\|$ est la norme hilbertienne, on a bien fait de "lisser" la fonction-objectif en prenant $f(x) := \frac{1}{2}\|x - c\|^2$. La fonction f se trouve être $\mathscr{C}^\infty$ et convexe sur H (quadratique convexe, de fait).

Il y a deux objets mathématiques importants associés à la résolution de $(\mathscr{P}_x)$, à savoir :
– la *fonction-distance* d_S (ou ses associés)

$$d_S : H \to \mathbb{R}$$
$$x \mapsto d_S(x) := \inf_{c \in S} \|x - c\|.$$

– la *"multiapplication" solutions* de $(\mathscr{P}_x)$, ou *multiapplication-projection sur* S

$$P_S : H \rightrightarrows H$$
$$x \mapsto P_S(x) := \{c \in S \mid \|x - c\| = d_S(x)\}.$$

Au fond, P_S est une application de H dans $\mathscr{P}(S)$... et, bien entendu, $P_S(x)$ peut être vide. Quand $P_S(x)$ est réduit à un seul élément, un singleton donc, nous écrirons $P_S(x) = p_S(x)$ (grand P vs. petit p).

2.2.1 La fonction-distance et ses associés

* **Premières propriétés de la fonction-distance** d_S
• d_S est (toujours) 1-Lipschitz sur H, c'est-à-dire :

$$\forall u, v \in H, |d_S(u) - d_S(v)| \le \|u - v\|. \tag{2.15}$$

Démonstration : la faire sous forme d'exercice.
C'est une propriété globale assez étonnante car S peut être extrêmement compliqué comme ensemble...

- Définition "duale" de $d_S(x)$, $x \notin S$:

$$d_S(x) = \sup \{r \ge 0 \mid \overline{B}(x, r) \cap S = \emptyset\} \tag{2.16}$$

où $\overline{B}(x, r)$ désigne la boule fermée de centre x et de rayon r. Un petit dessin aide à la compréhension géométrique de (2.16).

- d_S est convexe si et seulement si S est convexe (il en est de même de d_S^2).
Démonstration : la faire sous forme d'exercice.

- La fonction $\varphi_S : H \to \mathbb{R}$ définie par

$$\varphi_S(x) := \frac{1}{2} \left[\|x\|^2 - d_S^2(x) \right] \tag{2.17}$$

est toujours convexe.
En voilà une propriété étonnante !... car, ne l'oublions pas, S est un fermé quelconque ! La démonstration en est facile : il suffit d'exprimer φ_S comme le supremum d'une famille de fonctions (clairement) convexes.
Une conséquence est que

$$x \mapsto \frac{1}{2} d_S^2(x) = \frac{1}{2} \|x\|^2 - \varphi_S(x) \tag{2.18}$$

est (toujours) la différence de deux fonctions convexes, dont une ($\frac{1}{2} \|\cdot\|^2$) est même convexe $\mathscr{C}^\infty$.

La classe $DC(H)$ de fonctions "différences-de-convexes" sur H est importante dans les problèmes variationnels non convexes ; on y reviendra abondamment au Chapitre 5.

Retenons de ce paragraphe qu'il y a trois fonctions importantes associées au problème $(\mathscr{P}_x)$:
la fonction-distance d_S ;
sa version "adoucie" $\frac{1}{2} d_S^2$ (car, élever au carré adoucit les mœurs...) ;
la fonction convexe φ_S.

La fonction distance d_S ne fait pas la différence entre la frontière Fr S de S et son intérieur $\mathring{S}$:

$$\{x \in H \mid d_S(x) \le 0\} = \{x \in H \mid d_S(x) = 0\} = S = (\text{Fr } S) \cup \mathring{S}.$$

Il y a une fonction qui fait ça, c'est une cousine de d_S, la *fonction-distance signée* Δ_S, définie comme suit :

$$\Delta_S(x) := \begin{cases} d_S(x) \text{ si } x \notin S, \\ -d_{S^c}(x) \text{ si } x \in S. \end{cases} \quad [S^c \text{est le complémentaire de } S \text{dans } H]$$

On a supposé implicitement que S, outre le fait de ne pas être vide, n'est pas tout l'espace H. Sous une forme d'écriture plus ramassée,

$$\Delta_S = d_S - d_{S^c}.$$

Voici quelques propriétés de la fonction Δ_S, qu'on pourra démontrer sous forme d'exercices :
$\{x \in H \mid \Delta_S(x) > 0\} = S^c$,
$\{x \in H \mid \Delta_S(x) = 0\} = \text{Fr } S$,
$\{x \in H \mid \Delta_S(x) < 0\} = \mathring{S}$, (un petit dessin peut aider à la compréhension de ces propriétés)
$\Delta_{S^c} = -\Delta_S$ (il n'y a pas d'ambiguïté dans la définition puisque $d_{S^c} = d_{\overline{S^c}}$)
Δ_S est 1-Lipschitz sur H
Δ_S est convexe si et seulement si S est convexe.

* Quid de la différentiabilité de d_S, de d_S^2 ?

- Si $x \in \mathring{S}$, la question ne se pose pas : d_S est nulle dans un voisinage de x, donc d_S est (Fréchet-) différentiable en x et $\nabla d_S(x) = 0$.
- Si $x \in \text{Fr } S$, la question se pose : d_S peut être différentiable en x (essayez avec un petit dessin dans le plan !), même s'il est plus probable que d_S ne soit pas différentiable en x. En tout cas, si d_S est différentiable en $x \in \text{Fr } S$, alors $\nabla d_S(x) = 0$ nécessairement (ayez un réflexe variationnel ! la fonction d_S est minimisée en x, et d_S a été supposée différentiable en x). Un autre point d'intérêt : la fonction d_S^2 est toujours différentiable en $x \in \text{Fr } S$ (c'est toujours l'effet adoucissant du passage au carré) avec, bien sûr, $\nabla d_S^2(x) = 0$.
En effet, si $x \in \text{Fr } S$, $d_S(x) = 0$, de sorte que

$$|d_S(x + h) + d_S(x)| = |d_S(x + h) - d_S(x)| \le \|h\|,$$
$$|d_S(x + h) - d_S(x)| \le \|h\|,$$

grâce à la propriété de d_S d'être 1-Lipschitz sur H. Ainsi

$$|d_S^2(x + h) - d_S^2(x)| \le \|h\|^2,$$

ce qui assure ce qui été annoncé.

- Si $x \notin S$, la fonction d_S (ou $\frac{1}{2} d_S^2$) peut être différentiable en x comme elle peut ne pas l'être. En tout cas, si d_S est différentiable en x,

$$\nabla \left(\frac{1}{2} d_S^2 \right) (x) = d_S(x) \, \nabla d_S(x). \qquad (2.19)$$

En clair :

$$\left\{ x \notin S \mid d_S \text{ est différentiable en } x \right\} = \left\{ x \notin S \mid d_S^2 \text{ est différentiable en } x \right\},$$
$(d_S \text{ différentiable sur } S^c) \Leftrightarrow (d_S^{@2} \text{ différentiable sur } H)$
[grâce à ce qui a été signalé au point précédent]

2.2.2 La multiapplication-projection sur S

∗ **Caractérisation des éléments de $P_S(x)$**

Théorème 2.10 (caractérisation de "x̄ est un projeté de x sur S")
Soit $x \notin S$. Les assertions suivantes sont équivalentes :

(i) $\overline{x} \in P_S(x)$ (*i.e.*, $\overline{x} \in S$ et $\|x - \overline{x}\| = d_S(x)$) ;

(ii) $\overline{x} \in S$ et

$$\forall c \in S, \ \langle x - \overline{x}, c - \overline{x} \rangle \leq \frac{1}{2} \|c - \overline{x}\|^2 ; \qquad (2.20)$$

(iii) $\overline{x} \in S$ et

$$\forall t \in \,]0, 1], \ \overline{x} \in P_S \left[\overline{x} + t(x - \overline{x}) \right]. \qquad (2.21)$$

Il est assez étonnant qu'on obtienne une *caractérisation* des solutions de notre problème ($\mathscr{P}_x$)... Avec (2.20) on a une *condition nécessaire et suffisante d'optimalité globale* dans un problème qui n'est pas convexe ! La démonstration du théorème est facile, c'est du pur calcul hilbertien sur la norme (ou plutôt son carré).

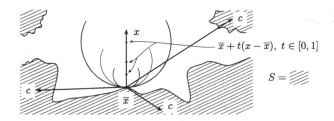

On voit sur cette figure que $\langle x - \overline{x}, c - \overline{x} \rangle$ peut être positif, une chose qu'on n'a pas lorsque S est convexe.

Démonstration du théorème : On allégera l'écriture en ne répétant pas "pour tout $c \in S$" dans les assertions.
(i) signifie :

$$\overline{x} \in S \text{ et } \|x - \overline{x}\| \leq \|x - c\| \text{ pour tout } c \in S$$
$$\Leftrightarrow \overline{x} \in S \text{ et } \|x - \overline{x}\|^2 \leq \|x - c\|^2$$
$$\Leftrightarrow \overline{x} \in S \text{ et } \|x - \overline{x}\|^2 \leq \|x - \overline{x}\|^2 + \|\overline{x} - c\|^2 + 2\langle x - \overline{x}, \overline{x} - c \rangle$$
$$[\text{utilisant le fait que } \|x - c\|^2 = \|x - \overline{x} + \overline{x} - c\|^2]$$
$$\Leftrightarrow \overline{x} \in S \text{ et } 2\langle x - \overline{x}, c - \overline{x} \rangle \leq \|c - \overline{x}\|^2, \tag{2.22}$$

qui n'est autre que (ii).
Par ailleurs, (2.22) est équivalent à :

$$\overline{x} \in S \text{ et } 2\langle x - \overline{x}, c - \overline{x} \rangle \leq \frac{1}{t}\|c - \overline{x}\|^2 \text{ pour tout } t \in {]0, 1]}$$
$$\Leftrightarrow \overline{x} \in S \text{ et } 2\langle [\overline{x} + t(x - \overline{x})] - \overline{x}, c - \overline{x} \rangle \leq \|c - \overline{x}\|^2 \text{ pour tout } t \in {]0, 1]}.$$

Grâce à ce qui a été démontré plus haut, ceci est précisément la caractérisation du fait que $\overline{x} \in P_S[\overline{x} + t(x - \overline{x})]$.   □

Remarques :
• Évidemment, $P_S(x) = \{x\}$ lorsque $x \in S$.
  Si $x \notin S$ et que $\overline{x} \in P_S(x)$, dès lors que $t \in {]0, 1]}$, $\overline{x}$ se trouve être l'unique projeté sur S de $x_t := x + t(\overline{x} - x)$. Cela se "voit" sur la figure de cette même page, et se démontre facilement. Posons $\alpha := d_S(x)$. La boule $\overline{B}(x, \alpha)$ ne peut rencontrer S qu'à sa frontière ($\overline{y} \in S$ et $\|x - \overline{y}\| < \alpha$ contredit la définition de $\alpha = d_S(x)$). Donc $\overline{B}(x, \alpha) \cap S = [\text{Sphère}(x, \alpha)] \cap S$. Par suite, $\overline{B}(x_t, \|x_t - \overline{x}\|)$ ne rencontre S qu'en $\overline{x}$, c'est-à-dire

$$P_S(x_t) = \{\overline{x}\}.$$

- La caractérisation (2.20) est une sorte d'inéquation variationnelle qui rappelle celle caractérisant le projeté $\overline{x}$ de x sur S lorsque S est convexe, à savoir :

$$\overline{x} \in S \text{ et } \langle x - \overline{x}, c - \overline{x} \rangle \leq 0 \text{ pour tout } c \in S. \qquad (2.23)$$

Une question qui vient à l'esprit naturellement ici est : Comment se fait-il que le terme quadratique à droite de l'inégalité (2.20) ait disparu quand S est convexe ? Voici la réponse. Partons de l'inégalité dans (2.20). Pour un choix de $c \in S$ (convexe), considérons $c_\alpha := \overline{x} + \alpha(c - \overline{x})$ avec $\alpha \in \ ]0, 1[$. Puisque S est convexe, c_α est encore dans S ; il vérifie donc l'inégalité de (2.20) :

$$\langle x - \overline{x}, [\overline{x} - \alpha(c - \overline{x})] - \overline{x} \rangle \leq \frac{1}{2} \| [\overline{x} + \alpha(c - \overline{x})] - \overline{x} \|^2,$$

soit

$$\langle x - \overline{x}, c - \overline{x} \rangle \leq \frac{\alpha}{2} \| c - \overline{x} \|^2.$$

Un passage à la limite, $\alpha \to 0$, conduit à l'inégalité espérée (2.23).

*Propriétés de la multiapplication P_S

Elles sont rassemblées dans la proposition suivante.

Proposition 2.11

(i) $P_S(x)$ est une partie fermée bornée de S.

(ii) Si $x \notin S$, $P_S(x) \subset \operatorname{Fr} S$.

(iii) Le graphe de P_S, à savoir $\{(x, y) \mid y \in P_S(x)\}$ est fermé dans $H \times H$.

(iv) La multiapplication P_S est localement bornée, c'est-à-dire : si $B \subset H$ est borné,

$$P_S(B) := \{y \in P_S(x) \mid x \in B\} \text{ est borné.}$$

(v) P_S est une *multiapplication monotone* (croissante), c'est-à-dire vérifiant :

$$\left(\begin{array}{c} x, x' \in H \\ y \in P_S(x),\, y' \in P_S(x') \end{array} \right) \Rightarrow \left(\langle y - y', x - x' \rangle \geq 0 \right). \qquad (2.24)$$

<u>Démonstration</u> : Les points (i) à (iv) sont faciles à démontrer à partir de la définition de $P_S(x)$ ou de la caractérisation de $\overline{x} \in P_S(x)$ (*cf.* sous-paragraphe précédent). Contentons-nous de vérifier (v).
À partir de la caractérisation de $y \in P_S(x)$, $y' \in P_S(x)$, on a :

$$\langle x - y, y' - y \rangle \leq \tfrac{1}{2} \left\| y' - y \right\|^2 \text{ (choix particulier de } c = y'),$$
$$\langle x' - y', y - y' \rangle \leq \tfrac{1}{2} \left\| y - y' \right\|^2 \text{ (choix particulier de } c = y).$$

Par suite, en additionnant les deux inégalités au-dessus :

$$\langle x - x' + y' - y, y' - y \rangle \leq \left\| y - y' \right\|^2,$$

soit

$$\langle x - x', y' - y \rangle \leq 0.$$

$\square$

2.2.3 Différentiabilité de d_S vs. unicité de la projection sur S

Il y a un lien étonnant entre la différentiabilité de d_S en $x \notin S$ et le fait que x admette une projection sur S au plus.

Proposition 2.12 Soit $x \notin S$.

(i) Si d_S est différentiable en x (au sens de Gâteaux suffit), alors le problème d'approximation $(\mathscr{P}_x)$ a *au plus* une solution. Si $\overline{x} = p_S(x)$, alors :

$$\nabla d_S(x) = \frac{x - \overline{x}}{\| x - \overline{x} \|}. \tag{2.25}$$

(ii) Réciproque lorsque H est *de dimension finie*. Si $P_S(x)$ est réduit à un seul élément, alors d_S est différentiable en x (au sens de Fréchet même).

Démonstration.

(i) Soit $\overline{x} \in P_S(x)$ (if any !). Considérons $t \in]0, 1]$ et formons le quotient différentiel

$$q_t := \frac{d_S\, [x + t(\overline{x} - x)] - d_S(x)}{t}.$$

La propriété de 1-Lipschitz sur H de d_S fait que :

$$d_S\, [x + t(\overline{x} - x)] = d_S\, [x + t(\overline{x} - x)] - d_S(\overline{x}) \leq (1 - t) \left\| x - \overline{x} \right\|.$$

Puisque $d_S(x) = \| x - \overline{x} \|$,

$$q_t \leq - \left\| x - \overline{x} \right\|.$$

Comme d_S a été supposée Gâteaux-différentiable en x, un passage à la limite ($t \to 0$) dans l'inégalité au-dessus conduit à

$$\langle \nabla d_S(x), \overline{x} - x \rangle \leq - \|x - \overline{x}\| \,. \tag{2.26}$$

Par la propriété de 1-Lipschitz sur H de d_S, on sait que $\|\nabla d_S(x)\| \leq 1$ nécessairement (on est d'accord ?). Il résulte donc de l'inégalité de Cauchy-Schwarz et de (2.26) :

$$\langle \nabla d_S(x), \frac{\overline{x} - x}{\|\overline{x} - x\|} \rangle = -1.$$

Ceci impose que $\|\nabla d_S(x)\| = 1$. On est donc dans le cas d'égalité de l'inégalité de Cauchy-Schwarz, ce qui donne

$$\nabla d_S(x) = - \frac{\overline{x} - x}{\|\overline{x} - x\|} = \frac{x - \overline{x}}{d_S(x)} \,.$$

Le vecteur (unitaire) $\nabla d_S(x)$ ne peut pointer dans deux directions différentes, il n'y a donc qu'un $\overline{x}$ dans $P_S(x)$ (lorsqu'il y en a).

(ii) La démonstration de la réciproque est laissée sous forme d'exercice. $\square$

Remarques.
- La Proposition 2.12 ne dit pas qu'*il y a* une solution au problème $(\mathscr{P}_x)$... Le test d'existence est le suivant (en présence de différentiabilité de d_S en x, bien sûr) :
Si $\overline{x} := x - d_S(x) \nabla d_S(x) \in S$, $(\mathscr{P}_x)$ a pour solution $\overline{x}$; si $\overline{x} \notin S$, $(\mathscr{P}_x)$ n'a pas de solution.
- La différentiabilité des fonctions cousines $\frac{1}{2} d_S^2$ et φ_S est, bien sûr, liée à celle de d_S. Si d_S est différentiable en $x \notin S$ et que $P_S(x) = \{\overline{x}\}$, il en est de même de $\frac{1}{2} d_S^2$ et φ_S avec

$$\nabla \left(\tfrac{1}{2} d_S^2 \right) (x) = x - \overline{x},$$
$$\nabla \varphi_S(x) = \overline{x}.$$

La fonction φ_S apparaît donc comme une "fonction primitive de la projection sur S" (for whatever it means).

2.2.4 Existence et unicité générique en approximation hilbertienne

Quand $(\mathscr{P}_x)$ a-t-il une solution ? Quand $(\mathscr{P}_x)$ a-t-il une et une seule solution ? Nous montrons ici que c'est "presque toujours" le cas. Évidemment, les questions posées concernent les points $x \notin S$.

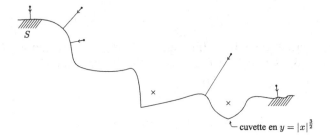

cuvette en $y = |x|^{\frac{3}{2}}$

Fig. 2.1 Champ de gradients de d_S, pointant toujours vers S.
$\times$: points de non-différentiabilité de d_S

Fig. 2.2 Champ de gradients de la fonction-
distance signée Δ_S

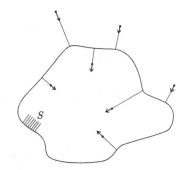

Théorème 2.13 On a :

(i) $\{x \in H \mid P_S(x) \neq \emptyset\}$ est *dense* dans H

(ii) $\{x \in H ,\ P_S(x)$ est un singleton$\}$ est *dense* dans H.

Démonstration.

(i) Soit $z \notin S$ et $\eta > 0$; il s'agit de trouver $\tilde{z}$ tel que : $\|z - \tilde{z}\| \leq \eta$ et $P_S(\tilde{z}) \neq \emptyset$.

Fixons $\varepsilon > 0$ tel que $\varepsilon \,[d_S(z) + 3] < \eta$... choix bizarre, mais nous verrons pourquoi il a été fait.

Prenons $c_0 \in S$ tel que

$$\left. \begin{array}{l} \|c_0 - z\|^2 < d_S^{\,2}(z) + \varepsilon \\ \text{et} \quad \|c_0 - z\| < d_S(z) + 1. \end{array} \right\} \tag{2.27}$$

(c'est tout à fait possible, il suffit de penser à la définition de $d_S(z)$).

Nous allons appliquer le théorème de BORWEIN- PREISS à la fonction $f : H \to \mathbb{R} \cup \{+\infty\}$ que voici :

$$\forall x \in H, \ f(x) := \|x - z\|^2 + i_S(x).$$

La fonction f est s.c.i. sur H (somme d'une fonction continue et d'une fonction s.c.i.), minorée sur H par 0. En fait, $\inf\limits_{H} f = d_S^2(z)$.

Par construction (cf. (2.27)), c_0 est un minimiseur à ε près de f sur H. D'après le théorème de Borwein-Preiss, appliqué avec le choix de $\lambda = 1$, il existe v et $w \in H$ tels que :

(α) $\|v - c_0\| < 1$, $\|w - v\| < 1$

(β) $v \in S$ et est un minimiseur de $x \mapsto f(x) + \varepsilon \|x - w\|^2$ sur H.

Explicitons ce que dit (β) :

$$\|v - z\|^2 + \varepsilon \|v - w\|^2 \leq \|c - z\|^2 + \varepsilon \|c - w\|^2 \ \text{pour tout } c \in S,$$

ce qui est la même chose que

$$\|v - z\|^2 - \|c - z\|^2 \leq \varepsilon \left[\|c - w\|^2 - \|v - w\|^2 \right] \ \text{pour tout } c \in S. \tag{2.28}$$

Or

$$\begin{aligned} \|v - z\|^2 - \|c - z\|^2 &= \|v - z\|^2 - \|c - v + v - z\|^2 \\ &= -\|c - v\|^2 + 2 \langle v - z, c - v \rangle, \end{aligned}$$

$$\begin{aligned} \|c - w\|^2 - \|v - w\|^2 &= \|c - v + v - w\|^2 - \|v - w\|^2 \\ &= \|c - v\|^2 + 2 \langle c - v, v - w \rangle. \end{aligned}$$

Ainsi, (2.28) devient :

$$-\left[2 \langle v - z, c - v \rangle + \|c - v\|^2 \right] \leq \varepsilon \left[2 \langle v - w, c - v \rangle + \|c - v\|^2 \right],$$

d'où

$$2 \langle z - v + \varepsilon(w - v), c - v \rangle \leq (1 + \varepsilon) \|c - v\|^2 ;$$

$$\langle \frac{z - v + \varepsilon(w - v)}{1 + \varepsilon}, c - v \rangle \leq \frac{1}{2} \|c - v\|^2. \tag{2.29}$$

En définissant $\tilde{z} := v + \dfrac{z - v + \varepsilon(w - v)}{1 + \varepsilon}$, on s'assure (d'après (2.29)) que

$$\langle \tilde{z} - v, c - v \rangle \leq \frac{1}{2} \|c - v\|^2,$$

et ce pour tout $c \in S$. Or ceci est précisément la caractérisation du fait que v, dont on sait déjà qu'il est dans S, est un élément de $P_S(\tilde{z})$ (cf.

l'inégalité de caractérisation (2.20)).
Ensuite,

$$\|\tilde{z} - z\| = \left\| v + \frac{z - v + \varepsilon(w - v)}{1 + \varepsilon} \right\|$$

$$= \left\| \left(1 - \frac{1}{1 + \varepsilon}\right)(v - z) + \frac{\varepsilon}{1 + \varepsilon}(w - v) \right\|$$

$$\leq \varepsilon \|v - z + w - v\|$$

$$\leq \varepsilon \Big[\|v - c_0\| + \|c_0 - z\| + \|w - v\| \Big]$$

$$\leq \varepsilon \Big[1 + (d_S(z) + 1) + 1 \Big] \text{ (cf. (2.27) et } (\alpha))$$

$$\leq \varepsilon \Big[3 + d_S(z) \Big] \leq \eta.$$

En somme, on a trouvé $\tilde{z}$ tel que : $\|\tilde{z} - z\| \leq \eta$ et $v \in P_S(\tilde{z})$.

(ii) À partir du moment où $P_S(z) \neq \emptyset$, $z \notin S$, on sait que pour $z_t = z + t(\overline{z} - z)$, $t \in]0, 1]$, $\overline{z} \in P_S(z)$, $P_S(z_t) = \{\overline{z}\}$ (cf. la 1ère remarque dans la page 46). On peut donc prendre z_t aussi proche de z que voulu. Le résultat de densité annoncé s'ensuit.   □

Quand on projette $x \notin S$ sur S, quels points de Fr S touche-t-on ? En fait, "presque tous" : "presque tout point de Fr S est le projeté de quelqu'un". En termes mathématiques, cela donne le théorème suivant.

Théorème 2.14 On a :

$$P_S(S^c) := \{\overline{x} \in P_S(x), \ x \notin S\} \text{ est une partie dense de Fr } S.$$

<u>Démonstration.</u> Soit $x_f \in$ Fr S et $\eta > 0$. Le résultat du théorème précédent nous permet d'affirmer qu'il existe $x \notin S$ tel que : $\|x_f - x\| \leq \frac{\eta}{2}$ et $P_S(x) \neq \emptyset$. Ainsi, tout point $\overline{x}$ de $P_S(x)$ est dans $\{\overline{x} \in P_S(x), \ x \notin S\}$ bien sûr, et

$$\|\overline{x} - x_f\| \leq \|\overline{x} - x\| + \|x - x_f\| \leq 2 \|x - x_f\| \leq \eta.$$

Le résultat de densité annoncé est ainsi démontré.   □

Retenons la portée générale des deux théorèmes de densité démontrés dans ce § 2.2.4 : H est un espace de Hilbert et S est un fermé quelconque de H !

3 Prolongements possibles

Les principes variationnels par perturbations de la fonction originelle à minimiser ne s'arrêtent pas à ceux exposés aux § 1 et 2. Un exemple additionnel est *le principe variationnel de C. Stegall (1978)*; son énoncé étant simple, donnons-le.

Soit $S \subset H$ *fermé borné* (non vide), soit $f : H \to \mathbb{R} \cup \{+\infty\}$, finie en au moins un point de S, *semicontinue inférieurement* sur H, et *bornée inférieurement sur S*. Alors, pour un ensemble *dense* de points a de H, le problème de la minimisation de (la fonction perturbée) $x \mapsto f(x) - \langle a, x \rangle$ sur S a *une et une seule* solution.

Nous ne faisons que signaler l'existence d'un autre principe variationnel (du même acabit) dans des espaces de Banach (d'un certain type), c'est celui de Deville, Godefroy et Zizler [DGZ]. Traiter de tous ces principes variationnels occuperait presque tout le Cours... Ce n'est pas notre objectif : les principes variationnels de ce chapitre sont des *outils* dont chacun pourra se servir dans le contexte d'application qui est le sien.

Annexe

On rappelle dans cette annexe les trois types de différentiabilité utilisées en analyse et calcul variationnel, dans le contexte des fonctions numériques seulement.

Soit donc $(E, \|\cdot\|)$ espace de Banach et $f : E \to \mathbb{R} \cup \{+\infty\}$ finie dans un voisinage de x.

F-différentiabilité. C'est la différentielle usuelle, telle qu'étudiée en L3. On dit que f est différentiable au sens de M. Fréchet (F-différentiable en abrégé) en x s'il existe $l^* \in E^*$ telle que

$$\frac{f(x + u) - f(x) - \langle l^*, u \rangle}{\|u\|} \to 0 \text{ quand } u \neq 0 \to 0$$

$$\left(\text{ou encore}: f(x + u) = f(x) + \langle l^*, u \rangle + o(\|u\|)\right)$$

l^*, noté $D_F f(x)$ ou simplement $Df(x)$, est un élément de E^*.
Si l'espace source de f est un espace de Hilbert $(H, \langle \cdot, \cdot \rangle)$, la forme linéaire continue $D_F f(x)$ est *représentée* par un élément de H, noté $\nabla_F f(x)$

(ou $\nabla f(x)$ simplement) et appelé gradient de f en x :

$$\forall d \in H, \quad D_F f(x) d = \langle \nabla_F f(x), d \rangle.$$

G-différentiabilité. On dit que f est différentiable au sens de R. Gâteaux (G-différentiable en abrégé) en x lorsque

$$\forall d \in E, \quad \frac{f(x + \alpha d) - f(x)}{\alpha} \text{ a une limite lorsque } \alpha \to 0,$$

et que cette limite (qui dépend de d) est une forme linéaire continue de d :

$$\forall d \in E, \quad \frac{f(x + \alpha d) - f(x)}{\alpha} \to \langle D_G f(x), d \rangle.$$

H-différentiabilité. Il y a une différentiabilité intermédiaire, au sens de J. Hadamard. Une manière de la présenter est comme ceci.
Soit $\mathscr{B}$ la famille des *compacts* de E. On dit que f est différentiable au sens de J. Hadamard (H-différentiable en abrégé) en x lorsqu'il existe $l^* \in E^*$, noté $D_H f(x)$, telle que

$$\lim_{\alpha \to 0} \frac{f(x + \alpha d) - f(x)}{\alpha} = \langle D_H f(x), d \rangle \text{ uniformément pour } d \in S,$$

et ce pour tout $S \in \mathscr{B}$.

$$(2.30)$$

Cette manière d'exprimer les choses permet une comparaison directe avec la F-différentiabilité et la G-différentiabilité.
La F-différentiabilité de f en x s'écrit, de manière équivalente, comme dans la définition (2.30), en prenant pour $\mathscr{B}$ la collection des *fermés bornés* de E.
La G-différentiabilité de f en x s'écrit, de manière équivalente, comme en (2.30), en prenant pour $\mathscr{B}$ la collection des *ensembles finis de points* de E.

La comparaison entre les trois types de différentiabilité est maintenant claire ;

(F-différentiabilité) $\Rightarrow$ (H-différentiabilité) $\Rightarrow$ (G-différentiabilité).

La H-différentiabilité (et donc la F-différentiabilité) de f en x implique la continuité de f en x ; ce n'est pas le cas pour la G-différentiabilité. La semi-continuité inférieure n'est pas acquise non plus avec la G-différentiabilité ;

ce qui fait qu'on a des énoncés de théorèmes avec des hypothèses comme "soit f s.c.i. et G-différentiable sur E", laquelle est assurée avec "soit f F-différentiable sur E".

Si E est de dimension finie

$$(\text{H-différentiabilité}) \Leftrightarrow (\text{F-différentiabilité}).$$

Si f vérifie une condition de Lipschitz dans un voisinage de x, alors

$$(\text{G-différentiabilité en } x) \Leftrightarrow (\text{H-différentiabilité en } x).$$

En pratique, dans un contexte de problèmes variationnels :
- la F-différentiabilité est une requête exigente, souvent inaccessible... et pourtant beaucoup de résultats du Calcul différentiel reposent sur cette hypothèse.
- la G-différentiabilité est plus accessible, et souvent on commence par là, même pour accéder à la F-différentiabilité. Malheureusement, la G-différentiabilité ne permet pas les règles de calcul à la chaîne ("chain rules").

La dimension infinie pose des obstacles inattendus ; ainsi, même si $f : \mathscr{O} \subset E \to \mathbb{R}$ est Lipschitz et convexe dans un voisinage ouvert convexe $\mathscr{O}$ de x, il peut y avoir un "gros trou" entre les différentiabilités G-H et F de f en x.

Fonctions continûment différentiables (de classe $\mathscr{C}^1$). Là, il n'y a pas de distinguo à faire (ouf !). Si $\mathscr{O}$ est un ouvert de E, avoir f X-différentiable sur $\mathscr{O}$ et $D_X f : \mathscr{O} \to E^*$ continue sur $\mathscr{O}$ revient au même avec $X = G, H$ ou F.

Exercices

Exercice 1 Soit $f : \mathbb{R}^n \to \mathbb{R}$ différentiable, telle que $f(x)/\|x\| \to +\infty$ quand $\|x\| \to +\infty$ (c'est la 1-coercivité de f sur $\mathbb{R}^n$). Montrer qu'alors

$$\{\nabla f(x) \mid x \in \mathbb{R}^n\} = \mathbb{R}^n.$$

Hint : Pour $v \in \mathbb{R}^n$, considérer $g_v(x) := f(x) - \langle v, x \rangle$.

Exercice 2 Soit $f : E \to \mathbb{R}$ continue et Gâteaux-différentiable sur E (espace de Banach). On suppose qu'il existe $r > 0$ et c tels que :

$$\forall x \in E, f(x) \geq r \|x\| - c.$$

Montrer que $D_G f(E) := \{D_G f(x) \mid x \in E\}$ est dense dans $r B^*$ (B^* est la boule unité de X^* pour la norme $\|\cdot\|_*$).

Hint : Étant donné $x^* \in r B^*$, considérer la fonction perturbée

$$g : x \in E \mapsto g(x) := f(x) - \langle x^*, x \rangle.$$

Appliquer à g le Corollaire 2.3 de la page 29.

Exercice 3 Soit $f : E \to \mathbb{R}$ de classe $\mathscr{C}^1$ sur E (espace de Banach). On dit que f vérifie la condition (de compacité) de Palais-Smale lorsque :

$$\left. \begin{array}{l} (x_n) \subset E, (f(x_n))_n \text{est bornée} \\ Df(x_n) \to 0 \text{ dans } X^* \end{array} \right\} \Rightarrow \left(\begin{array}{c} \text{il existe une sous-suite de } (x_n) \\ \text{qui converge (pour la topologie forte)} \end{array} \right).$$

Supposons donc que f vérifie la condition de Palais-Smale et qu'elle est bornée inférieurement sur E.
Montrer qu'il existe $\overline{x} \in E$ minimisant f sur E.

Hint : Appliquer le théorème d'Ekeland à f, avec $\varepsilon = \dfrac{1}{n}$ ($n \in \mathbb{N}^*$).

Exercice 4 (Minimisation approchée sur un sous-espace)
Soit $f : H \to \mathbb{R}$ semicontinue inférieurement et G-différentiable sur H (par exemple, f F-différentiable sur H couvre ces deux hypothèses). Soit V un sous-espace vectoriel fermé de H.

1) Montrer que si $\overline{x} \in V$ minimise f sur V, alors

$$\nabla f(\overline{x}) \in V^\perp.$$

2) Supposons f bornée inférieuremnt sur V. Montrer que pour tout $\varepsilon > 0$, il existe $\overline{x}_\varepsilon \in V$ vérifiant :

$$\begin{cases} f(\overline{x}_\varepsilon) \leq \inf_V f + \varepsilon \ ; \\ |\langle \nabla f(\overline{x}_\varepsilon), d \rangle| \leq \varepsilon \text{ pour tout } d \in V \text{tel que } \|d\| \leq 1. \end{cases}$$

Montrer que cette dernière condition équivaut à :

$$\nabla f(\overline{x}_\varepsilon) \in V^\perp + \overline{B}(0, \varepsilon).$$

Exercice 5 (Un théorème de point fixe inhabituel)

Soit $(X, \|\cdot\|)$ un espace de Banach, $\varphi : X \to \mathbb{R}$ une fonction semicontinue inférieurement et bornée inférieurement sur X. On considère $f : X \to X$ vérifiant

$$\|x - f(x)\| \le \varphi(x) - \varphi[f(x)] \text{ pour tout } x \in X,$$

et on se propose de démontrer que f a un point fixe.

1) Montrer qu'il existe $\overline{x} \in X$ tel que

$$\varphi(\overline{x}) \le \varphi(y) + \frac{1}{2} \|y - \overline{x}\| \text{ pour tout } y \in X.$$

En déduire que $\overline{x} = f(\overline{x})$.

2) Quelle différence essentielle voyez-vous entre ce résultat et les différents théorèmes de points fixes que vous avez rencontrés au cours de vos études ?

Exercice 6 (Un résultat inhabituel d'existence d'un minimiseur)

Soit $(X, \|\cdot\|)$ un espace de Banach. Soit $f : X \to \mathbb{R} \cup \{+\infty\}$ une fonction semicontinue inférieurement et bornée inférieurement sur X, non identiquement égale à $+\infty$. On fait l'hypothèse suivante : il existe $\alpha > 0$ tel que pour tout x vérifiant $f(x) > \inf_X f$, on peut trouver $\tilde{x} \neq x$ tel que

$$f(\tilde{x}) + \alpha \|x - \tilde{x}\| \le f(x).$$

1) Montrer qu'il existe $\overline{x} \in X$ tel que $f(\overline{x}) = \inf_X f$.

2) Soit S l'ensemble des minimiseurs de f sur X. Montrer

$$d_S(x) \le \frac{1}{\alpha} \left[f(x) - \inf_X f \right] \text{ pour tout } x \in X.$$

Exercice 7 (La règle de Fermat asymptotique)

Soit H un espace de Hilbert : $\langle \cdot, \cdot \rangle$ désigne le produit scalaire et $\|\cdot\|$ la norme associée. Si $f : H \to \mathbb{R}$ est minimisée en $\overline{x}$ et qu'elle y est Gâteaux-différentiable, alors $\nabla f(\overline{x}) = 0$ (c'est la règle de Fermat). C'est la version "asymptotique" de cette règle que nous proposons d'établir dans cet exercice.

Considérons : $H \to \mathbb{R}$ semicontinue inférieurement, Gâteaux-différentiable sur H (par exemple, la Fréchet-différentiabilité de f sur H assure ces deux conditions), et bornée inférieurement sur H. Montrer qu'il existe alors une suite (x_k) telle que :

$$f(x_k) \to \inf_H f \text{ et } \nabla f(x_k) \to 0 \quad \text{quand} \quad k \to +\infty.$$

Références

[E1] I. Ekeland. "On the variational principle". *J. Math. Anal. Appl.* 47 (1974), p. 324–353.

[E2] I. Ekeland. "Nonconvex minimization problems". *Bull. Amer. Math. Soc.* 1 (1979), p. 443–474.

[F] D.G. De Figueiredo. *Lectures on the Ekeland Variational Principle with Applications and Detours.* Tata Institute of Fundamental Research, Bombay, 1989.

[BP] J.M. Borwein and D. Preiss. "A smooth variational principle with applications to subdifferentiability and to differentiability of convex functions". *Trans. Amer. Math. Soc.* 303 (1987), p. 517–527.

[L] P.D. Loewen. *Optimal Control Via Nonsmooth Analysis.* CRM Proceedings & Lecture notes, American Mathematical Society, 1993.

[CLSW] F.H. Clarke, Yu.S. Ledyaev, R.J. Stern and P.R. Wolenski. *Nonsmooth Analysis and Control Theory.* Graduate texts in mathematics, Springer Verlag, 1998.

[FHV] M. Fabian, P. Hájek and J. Vanderwerff. "On smooth variational principles in Banach spaces". *J. Math. Anal. Appl.* 197 (1996), p. 153–173.

[St] C. Stegall. "Optimization of functions on certain subsets of Banach spaces". *Math. Ann.* 236 (1978), p. 171–176.

[DGZ] R. Deville, G. Godefroy and V.E. Zizler. "A smooth variational principle with applications to Hamilton-Jacobi equations in infinite dimensions". *J. Funct. Anal.* 111 (1993), p. 192–212.

[Sc] W. Schirotzek. *Nonsmooth Analysis.* Universitext, Springer Verlag, 2007.

[BZ] J.M. Borwein and Q.J. Zhu. *Techniques of Variational Analysis.* CMB books in mathematics, Springer Verlag, 2005.

Nous signalons les articles d'origine... il vaut mieux souvent revenir aux sources. L'article-revue [E2] reste, trente après sa publication, une très bonne référence pour l'énoncé et quelques-unes des premières applications du principe variationnel d'Ekeland. Notre § 2, sur le principe variationnel de Borwein-Preiss est tiré de ([L], Chap. 3).

Chapitre 3
-AUTOUR DE LA PROJECTION SUR UN CONVEXE FERMÉ ;
-LA DÉCOMPOSITION DE MOREAU.

"Les espaces hilbertiens ou espaces de Hilbert sont l'outil fondamental des applications de l'Analyse à la Physique et aux Sciences de l'ingénieur." L. SCHWARTZ (1915-2002)
"L'analyse convexe est l'occasion d'appliquer les idées de la Mécanique aux Mathématiques." J.-J. MOREAU (1923-)

La projection sur un convexe fermé d'un espace de Hilbert est une opération bien étudiée par le passé, au niveau du M1 notamment. Nous y revenons cependant pour, d'une part, y apporter des compléments (aussi bien théoriques que d'applications) et, d'autre part, étudier le cas particulier important des cônes convexes fermés. La décomposition de Moreau qui en résultera est un outil important utile dans des domaines aussi divers que la Statistique, l'Optimisation matricielle ou la Mécanique.

Points d'appui / Prérequis :
- Techniques de calcul dans les espaces de Hilbert
- Propriétés de base des convexes fermés d'un espace de Hilbert.

Le contexte général d'étude dans ce chapitre est le suivant :
$(H, \langle \cdot, \cdot \rangle)$ est un espace de Hilbert ; $\|\cdot\| = \sqrt{\langle \cdot, \cdot \rangle}$ est la norme (dite hilbertienne) dérivée de $\langle \cdot, \cdot \rangle$.
C étant un convexe fermé (non vide) de H, $P_C(x) = \{p_C(x)\}$ pour tout $x \in H$ (suivant les notations du Chapitre 2) ; l'application $p_C : H \to H$ est l'opérateur (ou l'application) de projection sur C.

J.-B. Hiriart-Urruty, *Bases, outils et principes pour l'analyse variationnelle*,
Mathématiques et Applications 70, DOI: 10.1007/978-3-642-30735-5_3,
© Springer-Verlag Berlin Heidelberg 2012

1 Le contexte linéaire : la projection sur un sous-espace vectoriel fermé (Rappels)

Nous partons d'assez loin, à partir de choses vues en L3, où le convexe fermé sur lequel on projette est un *sous-espace vectoriel fermé V* de *H*.
On supposera *V* non réduit à {0}, afin d'éviter les trivialités.

1.1 Propriétés basiques de p_V

Nous rappelons brièvement ici les propriétés de p_V dans ce "contexte ou monde linéaire".

Théorème 3.1

(i) L'opérateur ou application de projection $p_V : H \to V \subset H$ est *linéaire continue*, avec $|||p_V||| = 1$ (rappel : $|||p_V||| = \sup\limits_{x \neq 0} \frac{\|p_V(x)\|}{\|x\|}$).

(ii) Im $p_V = V$, Ker $p_V = V^\perp$, $H = V \oplus V^\perp$.

(iii) $V^{\perp\perp} (=: (V^\perp)^\perp)$ n'est autre que V.

(iv) L'application de projection $p_{V^\perp}$ n'est autre que $\mathrm{id}_H - p_V$, *i.e.*

$$\forall x \in H, \ p_{V^\perp}(x) = x - p_V(x).$$

(v) Décomposition de tout $x \in H$ suivant V et $V^\perp$:

$$\left. \begin{array}{l} x = p_V(x) + p_{V^\perp}(x), \ p_V(x) \text{ et } p_{V^\perp}(x) \text{ sont orthogonaux ;} \\ \|x\|^2 = \|p_V(x)\|^2 + \|p_{V^\perp}(x)\|^2 . \end{array} \right\} \quad (3.1)$$

(vi) p_V est *auto-adjoint*, c'est-à-dire :

$$\forall x, y \in H, \ \langle p_V(x), y \rangle = \langle x, p_V(y) \rangle.$$

1.2 Caractérisation de p_V

Nous avons :

$$(\bar{x} = p_V(x)) \Leftrightarrow \begin{pmatrix} \bar{x} \in V \text{ et} \\ x - \bar{x} \in V^\perp \end{pmatrix}. \quad (3.2)$$

Le cas où C est un sous-espace affine fermé de H, disons

$$C = x_0 + V, \ \text{avec } x_0 \in C \text{ et } V \text{ sous-espace "direction" de } C,$$

est à peine un peu plus général; la caractérisation est du même tonneau que (3.2) :

$$(\bar{x} = p_C(x)) \Leftrightarrow \left(\begin{matrix} \langle x - \bar{x}, c - \bar{x} \rangle = 0 \\ \text{pour tout } c \in C \end{matrix} \right) \Leftrightarrow \left(\begin{matrix} \bar{x} \in C \text{ et} \\ x - \bar{x} \in V^\perp \end{matrix} \right).$$

Les trois figures ci-dessous permettent de garder en tête ces résultats.

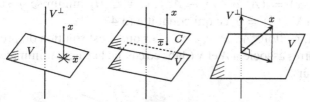

Le calcul effectif de $p_V(x)$ pour un x donné n'est pas toujours chose facile; retenons de ce qui précède que déterminer $p_V(x)$ et déterminer $p_{V^\perp}(x)$ sont deux problèmes équivalents : quand on a l'une on a l'autre ($p_{V^\perp}(x) = x - p_V(x)$, $p_V(x) = x - p_{V^\perp}(x)$).

1.3 La "technologie des moindres carrés"

Soit H_1 et H_2 deux espaces de Hilbert, $A \in \mathcal{L}(H_1, H_2)$ telle que *Im A soit fermée* (dans H_2), soit $y \in H_2$. Alors, le problème ($\mathcal{P}$), dit "des moindres carrés", qui consiste à minimiser

$$x \in H_1 \mapsto \|Ax - y\|_{H_2} \qquad\qquad (3.3)$$

sur H_1 *admet* des solutions; elles sont *caractérisées* comme étant les solutions de l'équation

$$(A^* \circ A)\, x = A^* y, \qquad\qquad (3.4)$$

appelée "*équation normale* du problème des moindres carrés ($\mathcal{P}$)". En particulier, si $A^* \circ A$ ($\in \mathcal{L}(H_1)$) est inversible, alors ($\mathcal{P}$) a pour unique solution

$$\bar{x} = (A^* \circ A)^{-1} A^* y.$$

$$A^* \circ A : H_1 \to H_1 \qquad \begin{matrix} H_2 \xrightarrow{A^*} H_1 \\ \searrow \quad \downarrow (A^* \circ A)^{-1} \\ H_1 \end{matrix} \qquad \begin{matrix} y \\ \downarrow \\ \bar{x} \mapsto A\bar{x} \in V = \text{Im } A \end{matrix}$$

$$A\bar{x} \text{ est la projection}$$

Schémas-résumés   orthogonale de y sur Im A

Notons que minimiser $x \mapsto \|Ax - y\|_{H_2}$ sur H_1 équivaut à minimiser $x \mapsto \|Ax - y\|_{H_2}^2$, d'où l'expression "les moindres carrés". Une approche "variationnelle" du problème consisterait à utiliser les ressources du Calcul différentiel et la convexité de la fonction à minimiser, à savoir

$$f : x \in H_1 \to f(x) := \|Ax - y\|_{H_2}^2 .$$

De fait, $\nabla f(x) = (A^* \circ A) x - A^* y$, et $\bar{x} \in H_1$ minimise f sur H_1 si et seulement si $\nabla f(\bar{x}) = 0$, ce qui conduit à (3.4).

Si $y \in Im\ A$, mettons $A\bar{x} = y$, il est clair que $\bar{x}$ est solution du problème des moindres carrés associé à A et y (dans ce cas-là, la valeur minimale dans ($\mathscr{P}$) est 0, bien sûr).

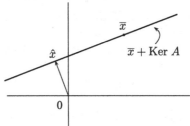

L'ensemble des solutions de l'équation $Ax = y$ est alors le sous-espace affine fermé $\bar{x} + Ker\ A$. Parmi ces solutions, il y en a une et une seule "plus courte" que toutes les autres, c'est-à-dire de norme minimale. Cette solution, notée $\hat{x}$, est construite de la manière suivante :

$(z \in H_2$ vérifiant $(A \circ A^*)\, z = y) \rightsquigarrow (\hat{x} = A^* z)$
$\big[$des $z \in H_2$ différents vérifiant $(A \circ A^*)\, z = y$ conduisent au même $\hat{x}\big]$.

Dans le monde de l'Optimisation, la "technologie des moindres carrés" occupe une place de choix, tant les exemples d'application sont fréquents et divers.

2 Le contexte général : la projection sur un convexe fermé (Rappels)

Nous nous plaçons ici à l'autre bout du spectre (comparativement au § 1) : le convexe fermé C sur lequel on projette est quelconque.

2.1 Caractérisation et propriétés essentielles

Par définition, $\bar{x} = p_C(x)$ est l'unique solution du problème de minimisation

$$(\mathscr{P}_x) \begin{cases} \text{Minimiser } \|x - c\|, \text{ ou bien } \frac{1}{2}\|x - c\|^2 \\ c \in C. \end{cases}$$

En convenant de considérer $f : c \in H \mapsto f(x) := \frac{1}{2}\|x - c\|^2$, laquelle est $\mathscr{C}^\infty$ et convexe sur H, $(\mathscr{P}_x)$ est donc *un problème de minimisation convexe*. Mais ça n'est pas pour autant que localiser ou approcher $\bar{x} = p_C(x)$ est une chose facile.

Propriétés principales de p_C

(i) *Caractérisation variationnelle de $\bar{x} = p_C(x)$* :

$$(\bar{x} = p_C(x)) \Leftrightarrow \begin{pmatrix} \bar{x} \in C \text{ et} \\ \langle x - \bar{x}, c - \bar{x} \rangle \leq 0 \text{ pour tout } c \in C \end{pmatrix} \qquad (3.5)$$

(ii) Pour tout x, x' dans H,

$$\langle p_C(x) - p_C(x'), x - x' \rangle \geq \left\| p_C(x) - p_C(x') \right\|^2, \qquad (3.6)$$

dont deux propriétés sous-produits sont :

$$\langle p_C(x) - p_C(x'), x - x' \rangle \geq 0 \quad [\text{"monotonie (croissante)"}]$$
$$\left\| p_C(x) - p_C(x') \right\| \leq \|x - x'\| \quad [\text{propriété de 1-Lipschitz sur } H].$$

La meilleure façon de se souvenir de (3.5) est d'avoir à l'esprit la figure 3.1 : l'angle entre les vecteurs $x - \bar{x}$ et $c - \bar{x}$ est toujours obtus.
Il existe une autre caractérisation de $\bar{x} = p_C(x)$, qui ressemble à (3.5) :

$$(\bar{x} = p_C(x)) \Leftrightarrow \begin{pmatrix} \bar{x} \in C \text{ et} \\ \langle \bar{x} - c, x - c \rangle \geq 0 \text{ pour tout } x \in C. \end{pmatrix} \qquad (3.7)$$

La démonstration est laissée sous forme d'exercice.

Attention ! p_C n'est pas différentiable... Toutefois, on verra plus loin que p_C admet des dérivées directionnelles en x dans toutes directions $d \in H$, du moins lorsque $x \in C$.

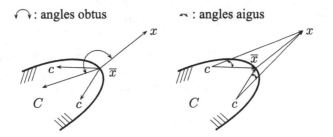

Fig. 3.1   Illustration des caractérisations du projeté sur un convexe fermé

Exemple visuel : $C = [0, 1] \subset \mathbb{R}$

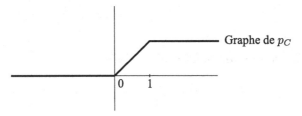

Liens avec la différentiabilité de d_C, de d_C^2, de φ_C

Ce qui va suivre précise et améliore nettement les résultats énoncés à la section 2.2.1 du Chapitre 2 (page 42).

Proposition 3.2

(i) La fonction-distance d_C est différentiable sur l'ouvert C^c, avec :

$$\forall x \in C^c, \ \nabla d_C(x) = \frac{x - p_C(x)}{\|x - p_C(x)\|}. \tag{3.8}$$

(ii) La fonction d_C^2 est *partout* différentiable sur H, avec :

$$\forall x \in H, \ \nabla d_C^2(x) = 2\,[x - p_C(x)].$$

(iii) La fonction $\varphi_C \,(= \tfrac{1}{2} \|\cdot\|^2 - d_C^2)$ est partout différentiable sur H, avec :

$$\forall x \in H, \ \nabla \varphi_C(x) = p_C(x). \tag{3.9}$$

(3.9) est très explicite, nous la reformulons de la manière suivante : $x \mapsto p_C(x)$ est un champ de gradients sur H, et *(toutes) les fonctions primitives de p_C sont $\varphi_C + K$, où K est une constante réelle.*

<u>Démonstration :</u> Contentons-nous de celle de (ii) ; elle est facile et a la propriété d'être "self-contained" (c'est du simple calcul hilbertien). Pour $x \in H$, posons $\Delta_x(h) := d_C^2(x + h) - d_C^2(x)$. D'une part, on a :

$$d_C^2(x) \leq \|x - p_C(x + h)\|^2 \text{ car } p_C(x + h) \in C,$$

d'où

$$\Delta_x(h) \geq d_C^2(x + h) - \|x - p_C(x + h)\|^2$$
$$= \|p_C(x + h) - (x + h)\|^2 - \|x - p_C(x + h)\|^2$$
$$\Delta_x(h) \geq 2\langle x - p_C(x + h), h \rangle + \|h\|^2 . \tag{3.10}$$

D'autre part, en intervertissant le rôle de x et de $x + h$, on obtient :

$$\Delta_x(h) \leq \|x + h - p_C(x)\|^2 - \|x - p_C(x)\|^2 ,$$
$$\Delta_x(h) \geq 2 \langle x - p_C(x), h \rangle + \|h\|^2 . \tag{3.11}$$

Comme $\|p_C(x + h) - p_C(x)\| \leq \|h\|$ (car p_C est 1-Lipschitz sur H), il vient de (3.10) et (3.11) :

$$\Delta_x(h) = 2 \langle x - p_C(x), h \rangle + o(\|h\|).$$

L'assertion (ii) de la Proposition 3.2 est ainsi démontrée. □

2.2 Le problème de l'admissibilité ou faisabilité convexe (the "convex feasibility problem")

De nombreux et importants exemples d'application (traitement du signal, imagerie) font apparaître C sous la forme suivante :

$$C = \bigcap_{i=1}^{N} C_i,$$

avec :
- $\forall i$, C_i "plutôt simple" (lorsqu'il s'agira de projeter sur C_i, par exemple) ;
- N est grand.

Deux questions essentielles se posent :
- Trouver *un* point de C, en utilisant les opérations de projection sur les C_i.
- Déterminer $p_C(x)$, en utilisant les projections sur les C_i.

Le prototype de résultat répondant à ces questions est la méthode des projections alternées de J. Von Neumann.

Théorème 3.3 (J. VON NEUMANN)
Soit V_1 et V_2 deux sous-espaces vectoriels fermés de H. Étant donné $x \in H$,

on construit à partir de x une suite (x_k) en projetant alternativement sur V_1 et sur V_2 :

$$\left.\begin{array}{c} x_0 = x\ ; \\ \forall\, k \geq 1,\ x_{2k-1} = p_{V_1}(x_{2k-2}),\ x_{2k} = p_{V_2}(x_{2k-1}). \end{array}\right\} \qquad (3.12)$$

La suite (x_k) ainsi définie converge (fortement) vers $\bar{x} = p_{V_1 \cap V_2}(x)$.

Esquisse de la démonstration. La démonstration n'est pas simple car, ne l'oublions pas, on est dans un contexte de dimension infinie... Voici un cheminement possible :
 – Point 1. La suite $(\|x_k\|)$ des normes est décroissante.
 – Point 2. La suite (x_{2k}) est une suite de Cauchy de V_2.
 – Point 3. (Toute) La suite (x_k) converge vers un élément $\bar{x}$ de $V_1 \cap V_2$.
 – Point 4. Le point $\bar{x}$ obtenu est bien la projection de x sur $V_1 \cap V_2$.   □

On est tenté d'étendre l'algorithme des projections alternées de Von Neumann au cas de deux convexes fermés (qui s'intersectent), et de penser que la suite ainsi construite converge vers la projection de x (point initial) sur $C_1 \cap C_2$. Il n'en est rien, déjà avec deux demi-espaces fermés C_1 et C_2. Dans l'exemple de la figure ci-dessous :

$$x_k = x_2 \in C_1 \cap C_2 \text{ pour tout } k \geq 2$$
$$x_2 \text{ n'est pas la projection de } x \text{ sur } C_1 \cap C_2.$$

Néanmoins, il y a un résultat de convergence de (x_k) vers un point de $C_1 \cap C_2$.

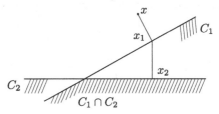

Théorème 3.4 (Algorithme de J. VON NEUMANN étendu)
Soit C_1 et C_2 deux convexes fermés non vides de H. On considère comme en (3.12) la suite (x_k) générée par les projections alternées sur C_1 et C_2. Alors :

 (i) Si $C_1 \cap C_2 \neq \emptyset$, la suite (x_k) *converge faiblement* vers *un point* de $C_1 \cap C_2$.

 (ii) Si int $(C_1 \cap C_2) \neq \emptyset$, la suite (x_k) *converge fortement* vers *un point* de $C_1 \cap C_2$.

Curieusement, (i) n'est pas due à une limitation d'expertise pour les démonstrations... H. S. HUNDAL a construit un contre-exemple en 2004, de type suivant : C_1 est un hyperplan fermé, C_2 est un cône convexe fermé, $C_1 \cap C_2 = \{0\}$; la suite (x_k) générée par projections alternées converge faiblement vers 0 *mais ne converge pas fortement vers 0* !

Commentaires.

- Dans les applications *ad hoc* (signal, imagerie), même si int $(C_1 \cap C_2) = \emptyset$, on peut quand même avoir convergence forte de (x_k) vers un point de $C_1 \cap C_2$.
- Avoir un résultat de convergence faible n'interdit pas la "numérisation" du problème (*via* des discrétisations, bien sûr). Après tout, $x_k \rightharpoonup x$ signifie que, quel que soit "l'observateur" $y \in H$, $\langle y, x_k \rangle \to \langle y, x \rangle$.
- Le passage de 2 à N convexes fermés C_i n'est pas évident; toutefois il y a une astuce qui permet de se ramener au cas de deux convexes seulement. Posons en effet :

$C = C_1 \times C_2 \times \ldots \times C_N$, convexe fermé de H^N;
$\Delta = \{x = (x_1, \ldots, x_N) \in H^N \mid x_1 = x_2 = \ldots = x_N\}$, la "diagonale" de H^N.

Alors, de manière évidente,

$$(x \in \bigcap_{i=1}^{N} C_i) \Leftrightarrow ((x, x, \ldots, x) \in C \cap \Delta). \qquad (3.13)$$

Mais Δ est toujours d'intérieur vide... too bad.

Prolongement. L'objectif étant de projeter x sur $\bigcap_{i=1}^{N} C_i$ en utilisant les projections p_{C_i} et d'autres opérations simples, des corrections intermédiaires sont nécessaires dans le design des (x_k). Ceci a été fait par BOYLE et DYKSTRA, dans un contexte de dimension finie. Schématiquement, cela donne ceci :

$$x_0 = x \; ; \; x_{k+1} = p_{C_k}(x_k) \qquad \text{[projection sur } C_k\text{]}$$
$$x_{k+1} \rightsquigarrow x_{k+1}^{+} \qquad \text{["correction" non précisée ici]}$$
$$x_{k+2} = p_{C_{k+1}}(x_{k+1}^{+}),$$
$$\text{etc.}$$

Alors la suite (x_k) converge vers *la* projection de x sur $\bigcap_{i=1}^{N} C_i$.

Cet algorithme est utilisé quelque peu en Optimisation et beaucoup en Statistique.

Le § 2.2 a été largement inspiré par les ouvrages [BZ] et [D], auxquels on renvoie pour plus de développements.

3 La projection sur un cône convexe fermé. La décomposition de MOREAU

C'est en quelque sorte la situation intermédiaire entre celle rappelée au § 1 et celle traitée au § 2. Mais, du fait que C sera pris un cône convexe fermé, noté plus loin K, on va aller beaucoup plus loin que dans § 2 et se rapprocher de ce qu'on obtenait dans le contexte du § 1.

3.1 Le cône polaire

Soit donc pour toute la suite un *cône convexe fermé* K de H [1].

La notion qui va suivre est essentielle : elle va jouer pour les cônes convexes fermés le rôle que jouait l'orthogonalité pour les sous-espaces vectoriels fermés.

Définition 3.5 On appelle *cône polaire* (ou cône polaire négatif, ou cône dual) l'ensemble suivant :

$$K^\circ := \{y \in H \mid \langle y, x \rangle \leq 0 \text{ pour tout } x \in K\}. \tag{3.14}$$

D'autres notations sont également utilisées pour le cône polaire de K : K^-, $K^\ominus$, etc.

Il est facile de voir, à partir de la définition même, que K° *est toujours un cône convexe fermé.* On aurait pu définir, *via* (3.14), A° pour n'importe quel $A \subset H$; le résultat eût été inchangé puisque :

$$A^\circ = (\overline{\text{cone}} \, A)^\circ,$$

où $\overline{\text{cone}} \, A$ désigne le plus petit cône convexe fermé contenant A (noté parfois $\overline{\text{cc}} \, A$).

Le lecteur-étudiant a peut-être déjà rencontré la notion de polarité suivante : si $B \subset H$, l'ensemble polaire de B est constitué des $y \in H$ vérifiant $\langle y, x \rangle \leq 1$ pour tout $x \in B$. Lorsque B est un cône, cette définition

---

[1] sous-entendu "de pointe (ou sommet) l'origine" ; bref K vérifie les deux propriétés "K est un convexe fermé", $(x \in K, \ \alpha \geq 0) \Rightarrow (\alpha x \in K)$.

équivaut à celle donnée en (3.14).

On convient d'appeler *Analyse unilatérale* l'étude de problèmes (d'optimisation entre autres) où interviennent des cônes convexes fermés, comme interviennent les sous-espaces vectoriels (ou affines) fermés en Analyse linéaire.

Exemples en dimension finie.
- L'*orthant positif* ou cône de Pareto de $\mathbb{R}^n$:

$$K := \{x = (x_1, \ldots, x_n) \mid x_i \geq 0 \text{ pour tout } i = 1, \ldots, n\}$$
$$(\text{ noté aussi } \mathbb{R}^n_+).$$

Alors,

$$K^\circ = -K = \{y = (y_1, \ldots, y_n) \mid y_i \leq 0 \text{ pour tout } i = 1, \ldots, n\}.$$

- Le cône des *vecteurs à composantes autocorrélées* de $\mathbb{R}^{n+1}$:

$$C_{n+1} := \left\{ (x_0, \ldots, x_n) \in \mathbb{R}^{n+1} \mid \exists\, y = (y_0, y_1, \ldots, y_n) \in \mathbb{R}^{n+1} \right.$$
$$\left. \text{tel que } x_k = \sum_{i=0}^{n-k} y_i\, y_{i+k} \text{ pour tout } k = 0, 1, \ldots, n \right\}.$$

C_n est un cône convexe fermé de $\mathbb{R}^{n+1}$, ce qui est loin d'être évident à démontrer directement... Heureusement, il y a une formulation équivalente de C_{n+1} :

$$C_{n+1} := \left\{ (x_0, \ldots, x_n) \in \mathbb{R}^{n+1} \mid \forall \omega \in [0, \pi], \right.$$
$$\left. x_0 + 2 \sum_{k=1}^{n} x_k \cos(k\omega) \geq 0 \right\}.$$

Ainsi,

$$C^\circ_{n+1} = \overline{\text{cone}}\, \{v(\omega) \mid \omega \in [0, \pi]\}, \text{ où } v(\omega) \coloneqq \begin{pmatrix} 1 \\ \cos(\omega) \\ \vdots \\ \cos(k\omega) \end{pmatrix}.$$

Voir [F] pour davantage sur ce cône.

- *Cônes d'ordre* en Statistique :
  Des exemples en sont :

$$K_1 := \{x \in \mathbb{R}^n \mid x_1 \le x_2 \le \ldots \le x_n\},$$

$$K_2 := \left\{x \in \mathbb{R}^n \mid x_1 \le \frac{x_1+x_2}{2} \le \ldots \le \frac{x_1+\ldots+x_n}{n}\right\}.$$

Alors :

$$K_1^\circ := \left\{y \in \mathbb{R}^n \mid \forall k = 1, \ldots, n-1, \ \sum_{i=1}^k y_i \ge 0 \text{ et } \sum_{i=1}^n y_i = 0\right\},$$

$$K_2^\circ := \left\{y \in \mathbb{R}^n \mid y_1 \ge \frac{y_1+y_2}{2} \ge \ldots \ge \frac{y_1+\ldots+y_n}{n} \text{ et } \sum_{i=1}^n y_i = 0\right\}.$$

- Cône des matrices *symétriques semidéfinies positives* (ou cône SDP) :
  Dans $\mathscr{S}_n(\mathbb{R})$ structuré en espace euclidien grâce au produit scalaire défini par $\ll M, N \gg := \text{tr}(MN)$, le cône

$$K := \mathscr{S}_n^+(\mathbb{R}) = \left\{A \in \mathscr{S}_n(\mathbb{R}) \mid A \text{ est semidéfinie positive}\right\}$$

a pour cône polaire

$$K^\circ = \mathscr{S}_n^-(\mathbb{R}) = \left\{B \in \mathscr{S}_n(\mathbb{R}) \mid B \text{ est semidéfinie négative}\right\}. \quad (3.15)$$

Un problème-modèle en Optimisation dite SDP consiste à minimiser une fonction convexe (quadratique même) sur un ensemble-contrainte de la forme $\mathscr{S}_n^+(\mathbb{R}) \cap V$, où V est un sous-espace affine. Voir [HUM] pour davantage sur ce cône.

- Cône des matrices *symétriques copositives* :

$$K := \left\{A \in \mathscr{S}_n(\mathbb{R}) \mid \langle Ax, x \rangle \ge 0 \text{ pour tout } x \in \mathbb{R}_+^n\right\}.$$

Ce cône, très utilisé en Recherche opérationnelle et Optimisation combinatoire, contient le cône (précédent) des matrices semidéfinies positives ainsi que le cône des matrices symétriques dont tous les coefficients sont positifs. Pour ce cône K,

$$-K^\circ = \left\{A \in \mathscr{M}_n(\mathbb{R}) \mid \exists B \in \mathscr{M}_{n,m}(\mathbb{R}) \text{ à coefficients} \ge 0, \ A = BB^T\right\}.$$

Les matrices de $-K^\circ$ sont appelées *complètement positives*.
Voir [HUS] pour un article-revue sur ce cône.

Exemples en dimension infinie

• *Espaces L^2_K*

Soit (X, τ, μ) un espace mesuré avec $\mu(X) < +\infty$, soit K un cône convexe fermé de $\mathbb{R}^d$, et soit $L^2(X, \tau, \mu; \mathbb{R}^d)$ l'espace usuel des (classes de) fonctions $f : X \to \mathbb{R}^d$ telles que $\int_X \|f\|^2 \, d\mu < +\infty$, structuré en espace de Hilbert grâce au produit scalaire $\langle f, g \rangle := \int_X \langle f(t), g(t) \rangle \, d\mu$. On pose

$$\mathcal{K} = L^2_K = \left\{ f \in L^2(X, \tau, \mu; \mathbb{R}^d) \mid f(t) \in K \;\; \mu\text{-p.p.} \right\}.$$

Alors, $\mathcal{K}$ est un cône convexe fermé et

$$\mathcal{K}^\circ = L^2_{K^\circ} = \left\{ g \in L^2(X, \tau, \mu; \mathbb{R}^d) \mid g(t) \in K^\circ \;\; \mu\text{-p.p.} \right\}. \quad (3.16)$$

• Cône des *gradients de fonctions convexes*

Soit Ω un ouvert convexe borné de $\mathbb{R}^n$ et

$$K := \left\{ g \in \left[L^2(\Omega)\right]^n \mid g = \nabla u \text{ pour une fonction convexe } u \right\}.$$

K est un cône convexe fermé de $\left[L^2(\Omega)\right]^n$. Par définition,

$$K^\circ = \left\{ h \in \left[L^2(\Omega)\right]^n \mid \langle h, g \rangle \le 0 \text{ pour tout } g \in K \right\},$$

où $\langle \cdot, \cdot \rangle$ est le produit scalaire "naturel" sur $\left[L^2(\Omega)\right]^n$:

$$\langle (g_1, \ldots, g_n), (h_1, \ldots, h_n) \rangle = \sum_{i=1}^n \int_\Omega f_i(x) \, g_i(x) \, dx.$$

Il se trouve que le cône polaire $\mathcal{K}^\circ$ peut être explicité (Y. BRENIER, 1991) ; le voici. Soit

$$S := \{s : \Omega \to \Omega \text{ mesurable telle que la mesure image } \hat{s} \text{ de } dx$$
$$\text{par } s \text{ soit encore } dx\}$$

($\hat{s}$ est définie par : $\int_\Omega \theta(x) \, d\hat{s} = \int_\Omega \theta \left[s(x)\right] dx$ pour toute fonction θ continue bornée sur $\bar{\Omega}$).

Dans S il y a id_Ω bien sûr. Y. Brenier démontre d'abord que $h \in \left[L^2(\Omega)\right]^n$ est dans K° si et seulement si

$$\langle h, s - \mathrm{id}_\Omega \rangle \leq 0 \text{ pour tout } s \in S.$$

Il en résulte – comme nous le verrons plus loin –

$$K^\circ = \overline{\mathrm{cone}}(S - \mathrm{id}_\Omega). \tag{3.17}$$

Ce sous-paragraphe a été tiré de [CLR].

3.2 Caractérisation de $p_K(x)$; propriétés de p_K ; décomposition de Moreau suivant K et K°

Théorème 3.6 (de caractérisation) On a :

$$\Big(\bar{x} = p_K(x)\Big) \Leftrightarrow \begin{pmatrix} \bar{x} \in K, \ x - \bar{x} \in K^\circ \\ \text{et } \langle x - \bar{x}, \bar{x} \rangle = 0 \end{pmatrix}. \tag{3.18}$$

Cette caractérisation (3.18) est très "visuelle" (ou géométrique), très facile à retenir.

La condition de "verrouillage" $\langle x - \bar{x}, \bar{x} \rangle = 0$ est un peu inattendue ici, il n'y a pas d'inégalité à vérifier comme dans l'inéquation variationnelle (3.5) (de la caractérisation de $p_C(x)$, C convexe fermé).

<u>Démonstration.</u> Rappelons la caractérisation générale de $\bar{x} = p_C(x)$:

$$\Big(\bar{x} = p_C(x)\Big) \Leftrightarrow \Big(\bar{x} \in C \text{ et } \langle x - \bar{x}, y - \bar{x} \rangle \leq 0 \text{ pour tout } y \in C\Big).$$

Désignons par $\bar{x}$ la projection de x sur K. Évidemment $\bar{x} \in K$. Mais comme K est un cône, $\alpha\bar{x} \in K$ pour tout $\alpha \geq 0$. Il vient alors de la caractérisation au-dessus : $\langle x - \bar{x}, \alpha\bar{x} - \bar{x} \rangle \leq 0$, soit $(\alpha - 1)\langle x - \bar{x}, \bar{x} \rangle \leq 0$.

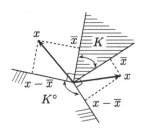

Comme $\alpha \geq 0$ est arbitraire, cela ne peut se faire qu'avec $\langle x - \bar{x}, \bar{x} \rangle = 0$.
Du coup, la caractérisation induit : $\langle x - \bar{x}, y \rangle \leq 0$ pour tout $y \in K$, c'est-à-dire $x - \bar{x} \in K^\circ$.

Réciproquement, soit $\bar{x}$ vérifiant la propriété indiquée (assertion de droite dans (3.18)). Considérons la fonction $f : H \to \mathbb{R}$ qui à $y \in H$ associe $f(y) := \|x - y\|^2$. On a :

$$f(y) = \|x - \bar{x} + \bar{x} - y\|^2 = \|x - \bar{x}\|^2 + \|\bar{x} - y\|^2 + 2 \langle x - \bar{x}, \bar{x} - y \rangle$$
$$\geq f(\bar{x}) + 2 \langle x - \bar{x}, \bar{x} - y \rangle.$$

Mais $\langle x - \bar{x}, \bar{x} \rangle = 0$ et $\langle x - \bar{x}, y \rangle \geq 0$ si $y \in K$. Par conséquent :

$$f(y) \geq f(\bar{x}) \text{ pour tout } y \in K,$$

ce qui exprime bien que $\bar{x}$ est le point de K à distance minimale de x : $\bar{x} = p_K(x)$. $\qquad\square$

Comme conséquences immédiates de la caractérisation (3.18), on a :

$$\Big(p_K(x) = 0 \Big) \Leftrightarrow \Big(x \in K^\circ \Big);$$
$$p_K(\alpha x) = \alpha \, p_K(x) \text{ pour tout } \alpha \geq 0 \text{ et } x \in H; \qquad (3.19)$$
$$p_K(-x) = -p_{-K}(x) \text{ pour tout } x \in H.$$

Plus intéressante est la propriété suivante. Soit $K^{\circ\circ} = (K^\circ)^\circ$.

Proposition 3.7 On a :
$$K^{\circ\circ} := (K^\circ)^\circ = K. \qquad (3.20)$$

Démonstration. L'intérêt de la démonstration que nous proposons est qu'elle ne fait appel à aucun théorème de séparation (ou forme géométrique du théorème de Hahn-Banach), lequel – il est vrai – est caché dans la caractérisation de $p_K(x)$.
Soit $x \in K$. Pour tout $y \in K^\circ$, on a $\langle x, y \rangle \leq 0$, donc $x \in K^{\circ\circ}$.
Soit $x \in K^{\circ\circ}$ et $\bar{x} := p_K(x)$. D'après la caractérisation (3.18) de $\bar{x}$,

$$x - \bar{x} \in K^\circ \text{ et } \langle \bar{x}, x - \bar{x} \rangle = 0.$$

Puisque $x \in K^{\circ\circ}$, on a $\langle x, x - \bar{x} \rangle \leq 0$. Par conséquent

$$\|x - \bar{x}\|^2 = \langle x - \bar{x}, x - \bar{x} \rangle = \langle x - \bar{x}, x \rangle - \langle x - \bar{x}, \bar{x} \rangle \leq 0,$$

ce qui implique $x = \bar{x}$. Donc $x \in K$. $\qquad\square$

Conséquence de (3.20) : Si L est un cône convexe de H, $L^{\circ\circ} = \overline{L}$; plus généralement, si $A \subset H$, $A^{\circ\circ} = \overline{\text{cone}}A$ (le plus petit cône convexe fermé contenant A).

Nous sommes désormais prêts pour le point culminant de ce § 3.

> **Théorème 3.8** (de décomposition (J.-J. MOREAU, 1965))
> Il y a équivalence des deux assertions suivantes (concernant $x \in H$) :
>
> (i) $x = x_1 + x_2$ avec $x_1 \in K$, $x_2 \in K^\circ$, $\langle x_1, x_2 \rangle = 0$;
>
> (ii) $x_1 = p_K(x)$ et $x_2 = p_{K^\circ}(x)$.

Comme souvent dans les équivalences, il y a une implication qui est plus importante que l'autre, ici c'est $[(i) \Rightarrow (ii)]$. En effet, si on a (i), on a résolu les deux problèmes de projection de x, sur K *et* sur K°. Comment dans le cas d'un sous-espace vectoriel fermé (contexte du § 1), quand on a la projection sur l'un (K, resp. K°), on a la projection sur l'autre (K°, resp. K) ; du point de vue pratique, cela peut faire une grande différence !

<u>Démonstration.</u> $[(i) \Rightarrow (ii)]$: On a $x_1 \in K$, $x - x_1 \in K^\circ$ et $\langle x_1, x - x_1 \rangle = 0$, c'est donc que $x_1 = p_K(x)$ (grâce à la caractérisation (3.18)). De même, $x_2 \in K^\circ$, $x - x_2 \in K = (K^\circ)^\circ$ et $\langle x_2, x - x_2 \rangle = 0$; c'est donc que $x_2 = p_{K^\circ}(x)$. $[(ii) \Rightarrow (i)]$: Puisque $x_1 \in K$ est la projection de x sur K, $x - x_1 \in K^\circ$ et $\langle x - x_1, x_1 \rangle = 0$ (toujours d'après la caractérisation (3.18) de $p_K(x)$) ; c'est bien le résultat escompté ($x_2 := x - x_1$). $\square$

La décomposition de Moreau généralise la décomposition classique (fondamentale) établie lorsque K est un sous-espace vectoriel fermé V de H :

$$x = p_V(x) + p_{V^\perp}(x), \quad \langle p_V(x), p_{V^\perp}(x) \rangle = 0.$$

Il y a néanmoins quelques différences essentielles :
• p_K n'est pas un application linéaire (voir (3.19) pour les propriétés qu'on peut espérer).
• En projetant x sur K et sur K°, on n'était pas sûr d'obtenir des éléments orthogonaux (alors que pour un sous-espace vectoriel V, *tout* élément de V est orthogonal à *tout* élément de $V^\perp$).
• La décomposition de $x \in H$ en $x = x_1 + x_2$, où $x_1 \in K$ et $x_2 \in K^\circ$, n'est pas unique.

Proposition 3.9 ("optimalité" de la décomposition de Moreau)
Soit $H \ni x = x_1 + x_2$ avec $x_1 \in K$ et $x_2 \in K^\circ$. Alors :

$$\|x_1\| \geq \|p_K(x)\| \quad \text{et} \quad \|x_2\| \geq \|p_{K^\circ}(x)\| . \tag{3.21}$$

<u>Démonstration.</u> On a

$$\|p_K(x)\| = \|x - p_{K^\circ}(x)\| = \min_{y \in K^\circ} \|x - y\| .$$

Avec une décomposition $x = x_1 + x_2$ où $x_1 \in K$ et $x_2 \in K^\circ$, il vient de la formulation au-dessus :

$$\|p_K(x)\| \le \|x - x_2\| = \|x_1\|.$$

On opère de manière similaire pour arriver à $\|p_{K^\circ}(x)\| \le \|x_2\|$.   □

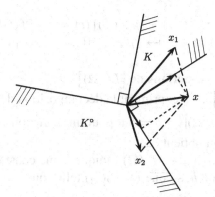

Reprenons quelques exemples du § 3.1.

• Projection sur l'orthant positif $K = \mathbb{R}_+^n$ de $\mathbb{R}^n$

   On a $p_K(x) = (x_1^+, \ldots, x_n^+)$, $p_{K^\circ}(x) = -(x_1^-, x_2^-, \ldots, x_n^-)$. La décomposition de Moreau de x est très simple : $x = x^+ + (-x^-)$, où $(x^+)_i = x_i^+$ et $(x^-)_i = x_i^-$ pour tout $i = 1, \ldots, n$.

• Projection sur le cône $K = \mathscr{S}_n^+(\mathbb{R})$ de $\mathscr{S}_n(\mathbb{R})$

   Soit $A \in \mathscr{S}_n(\mathbb{R})$. Prenons U orthogonale telle que

$$U^T A U = U^{-1} A U = \operatorname{diag}(\lambda_1, \ldots, \lambda_n)$$

   [les λ_i sont les valeurs propres de A].

   Alors, en posant

$$A_1 = U\operatorname{diag}(\lambda_1^+, \ldots, \lambda_n^+)U^T, \quad A_2 = U\operatorname{diag}(-\lambda_1^-, \ldots, -\lambda_n^-)U^T,$$

   on a : $A_1 \succeq 0$, $A_2 \preceq 0$ et $\ll A_1, A_2 \gg = 0$. Donc, $A = A_1 + A_2$ est la décomposition de Moreau de A suivant $K = \mathscr{S}_n^+(\mathbb{R})$ et $K^\circ = -\mathscr{S}_n^+(\mathbb{R})$. Autre manière de dire les choses :

   A_1 est la matrice $\succeq 0$ la plus proche de A.

   A_2 est la matrice $\preceq 0$ la plus proche de A.

   (au sens de la norme matricielle associée à $\ll \cdot, \cdot \gg$)

- Projection sur le cône L_K^2

La décomposition "point par point"

$$f(t) = p_K \left[f(t) \right] + p_{K^\circ} \left[f(t) \right], \ \mu\text{-p.p. en } t \in T,$$

fournit la décomposition de Moreau de $f \in L^2$ suivant $\mathcal{K} = L_K^2$ et $\mathcal{K}^\circ = L_{K^\circ}^2$:

$$p_{\mathcal{K}}(f) : t \in T \mapsto \left[p_{\mathcal{K}}(f) \right](t) = p_K \left[f(t) \right] \ \mu\text{-p.p.}$$
$$p_{\mathcal{K}^\circ}(f) : t \in T \mapsto \left[p_{\mathcal{K}^\circ}(f) \right](t) = p_{K^\circ} \left[f(t) \right] \ \mu\text{-p.p.}$$

- **Décomposition de fonctions de $\left[L^2(\Omega) \right]^n$**

Soit $f \in \left[L^2(\Omega) \right]^n$. En exprimant la décomposition de Moreau de f suivant $K = \left\{ g \in \left[L^2(\Omega) \right]^n \mid g = \nabla u \text{ pour une fonction convexe } u \right\}$ et $K^\circ = \overline{\text{cone}} \left(S - \text{id}_\Omega \right)$, on obtient ceci :

Il existe une fonction $u \in H^1(\Omega)$ (unique à une constante additive près), une unique fonction $h \in \overline{\text{cone}} \left(S - \text{id}_\Omega \right)$ telles que

$$f = \nabla u + h, \ \langle \nabla u, h \rangle = 0. \tag{3.22}$$

Ainsi, ∇u est le (champ de) gradient de fonction convexe le plus proche de f (au sens de la norme hilbertienne "naturelle" sur $\left[L^2(\Omega) \right]^n$).

Ceci n'est pas sans rappeler la décomposition de HELMHOLTZ, où, sous des hypothèses appropriées sur $f \in \left[L^2(\Omega) \right]^n$, il existe des champs u et v tels que

$$f = \nabla u + \text{rot } v.$$

Mais il s'agit là, dans un contexte linéaire, d'une décomposition orthogonale classique d'Analyse bilatérale dirions-nous (*cf.* § 1).

Terminons par des règles de calcul sur les cônes polaires, simples à établir à partir de la définition même de K° et du fait que $L^{\circ\circ} = (L^\circ)^\circ = \overline{L}$ lorsque L est simplement un cône convexe. Si $K_1, K_2, \ldots, K_m$ sont des cônes convexes fermés de H, on a :

$$\left(\bigcup_{i=1}^m K_i \right)^\circ = \bigcap_{i=1}^m K_i^\circ \ ; \ \left(\sum_{i=1}^m K_i \right)^\circ = \bigcap_{i=1}^m K_i^\circ \ ;$$

$$\left(\bigcap_{i=1}^m K_i \right)^\circ = \overline{\left(\sum_{i=1}^m K_i^\circ \right)}.$$

4 Approximation conique d'un convexe. Application aux conditions d'optimalité

4.1 Le cône tangent

Lorsque $f : H \to \mathbb{R}$ est (F-)différentiable en $x \in H$, son *approximation linéaire* au voisinage de ce point est donnée par

$$f(x + h) \approx f(x) + \langle \nabla f(x), h \rangle. \tag{3.23}$$

Lorsqu'il s'agit d'approcher un convexe fermé C au voisinage d'un de ses points x, on propose un cône convexe fermé $T(C, x)$ de sorte que

$$C \approx x + T(C, x). \tag{3.24}$$

La figure ci-dessous montre ce que "doit" être $T(C, x)$ en toute logique.

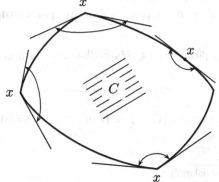

L'objet mathématique $T(C, x)$ qui fait l'affaire, appelé *cône tangent à C en x*, est définissable de plusieurs manières équivalentes ; les voici.

Définition 3.10 Soit $d \in H$. Cette direction est dite *tangente à C en $x \in C$* lorsqu'une des *assertions* équivalentes ci-dessous est vérifiée :

(i) On a :

$$d \in \overline{\mathbb{R}_+(C - x)}. \tag{3.25}$$

(ii) $\exists (r_n) > 0$, $\exists (x_n) \subset C$ qui converge vers x, tels que

$$r_n(x_n - x) \to d \text{ quand } n \to +\infty. \tag{3.26}$$

(iii) $\exists (t_n) > 0$ qui tend vers 0, $\exists (d_n)$ qui tend vers d, tels que

$$x + t_n d_n \in C \text{ pour tout } n. \tag{3.27}$$

(iv) On a :

$$d'_C(x, d) = \lim_{t \to 0^+} \frac{d_C(x + t\,d)}{t} = 0. \qquad (3.28)$$

L'ensemble des directions tangentes à C en x est appelé cône tangent à C en x, et noté $T(C, x)$ (ou bien $T_C(x)$).

La formulation (3.25) de (i) est sans doute la plus parlante : d est dans le cône convexe fermé engendré par $C - x$, $d \in \overline{\text{cone}}(C - x)$.

L'avantage des formulations (3.26) et (3.27) est qu'elles s'appliquent même lorsque C n'est pas convexe.

C'est bien d'une dérivée directionnelle qu'il s'agit en (3.28) puisque $d_C(x) = 0$.

L'équivalence entre les quatre formulations est aisée à démontrer ; cela est laissé sous forme d'exercice.

Puisqu'il y a un cône convexe fermé $T(C, x)$ en jeu, apparaît naturellement et inévitablement son cône polaire $[T(C, x)]^\circ =: N(C, x)$. Ce cône $N(C, x)$, appelé *cône normal à C en x* peut être défini, par exemple, de la manière suivante :

Définition 3.11 Une direction $v \in H$ est dite *normale à C en $x \in C$* lorsque :

$$\langle v, c - x \rangle \leq 0 \text{ pour tout } c \in C. \qquad (3.29)$$

Évidemment, si $x \in \text{int}\,C$, $T(C, x) = H$ et $N(C, x) = \{0\}$.

$$T(C, x) \rightleftarrows N(C, x)$$
$$\text{[par polarité]}$$

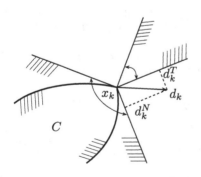

$$d_k^T \in T(C, x_k),\ d_k^N \in N(C, x_k)$$
$$d_k = d_k^T + d_k^N,\ \langle d_k^T, d_k^N \rangle = 0$$

> Il est important de garder à l'esprit qu'en chaque point x de C (de Fr C plus précisément), il y a deux cônes convexes fermés mutuellement polaires qui entrent en jeu, et donc une décomposition de Moreau !
>
> En $x_k \in C$, une direction d_k se décompose en deux directions orthogonales : une direction tangentielle d_k^T et une direction normale d_k^N. Ceci est particulièrement utilisé en Mécanique de contact (problèmes de friction (= science de la tribologie)).

Remarques

- Avec la caractérisation variationnelle du projeté de x sur C (*cf.* (3.5)), il est facile de répondre à la question suivante :
  Étant donné $\bar{x} \in C$, qui se projette sur $\bar{x}$? Réponse : tous les points x de $\bar{x} + N(C, \bar{x})$. In short,

$$\forall \bar{x} \in C, \quad (p_C)^{-1}(\bar{x}) = \bar{x} + N(C, \bar{x}). \qquad (3.30)$$

- Lorsque C est "représenté" d'une manière ou d'une autre, sous forme d'inégalités par exemple, des règles opératoires permettent d'exprimer $T(C, x)$ et $N(C, x)$ à l'aide des données de représentation. En voici un exemple. Supposons C représenté de la façon suivante :

$$C = \left\{ x \in H \mid g_1(x) \leq 0, \ldots, g_p(x) \leq 0 \right\},$$

où les $g_i : H \to \mathbb{R}$ sont des fonctions convexes continûment différentiables. On ajoute l'hypothèse, dite de SLATER, que voici :

$$\exists \tilde{x} \in C \text{ tel que } g_i(\tilde{x}) < 0 \text{ pour tout } i = 1, \ldots, p.$$

Prenons $\bar{x} \in C$. Notation : $I(\bar{x}) = \{i \mid g_i(\bar{x}) = 0\}$ (ensemble des indices des contraintes g_i "actives" ou "saturées" en $\bar{x}$). Alors on a :

$$T(C, \bar{x}) = \left\{ d \in H \mid \langle \nabla g_i(\bar{x}), d \rangle \leq 0 \text{ pour tout } i \in I(\bar{x}) \right\},$$

$$N(C, \bar{x}) = \left\{ \sum_{i \in I(\bar{x})} \lambda_i \, \nabla g_i(\bar{x}) \mid \lambda_i \geq 0 \text{ pour tout } i \in I(\bar{x}) \right\}.$$

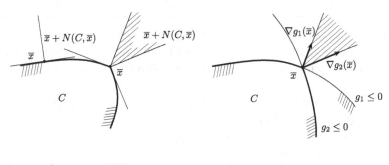

$$(p_C)^{-1}(\overline{x}) = \overline{x} + N(C, \overline{x})$$

4.2 Application aux conditions d'optimalité

Considérons le problème de minimisation suivant

$$(\mathscr{P}) \begin{cases} \text{Minimiser } f(x) \\ x \in C, \end{cases}$$

où $f : H \to \mathbb{R}$ est convexe différentiable, et $C \subset H$ un convexe fermé. Avec ce que nous avons vu, les *conditions nécessaires et suffisantes d'optimalité* prennent plusieurs formes équivalentes, et faciles à démontrer.

Théorème 3.12 (conditions d'optimalité)
Soit $\bar{x} \in C$. Il y a équivalence entre les assertions suivantes :

(i) $\bar{x}$ minimise f sur C.

(ii) $\langle \nabla f(\bar{x}), x - \bar{x} \rangle \geq 0$ pour tout $x \in C$.

(iii) $-\nabla f(\bar{x}) \in [T(C, \bar{x})]^{\circ} = N(C, \bar{x})$ (ou bien $0 \in \nabla f(\bar{x}) + N(C, \bar{x})$).

(iv) $\bar{x} = p_C [\bar{x} - t \, \nabla f(\bar{x})]$ pour tout $t > 0$.

(v) $p_{T(C,\bar{x})}(-\nabla f(\bar{x})) = 0$.

(vi) $\langle \nabla f(\bar{x}), p_{T(C,\bar{x})}(-\nabla f(\bar{x})) \rangle \geq 0$.

Un format un peu plus général que ce qui est exprimé en (ii) est le suivant : Soit $A : H \to H$ un opérateur (pas forcément un gradient); trouver alors $\bar{x} \in C$ tel que $\langle A(\bar{x}), x - \bar{x} \rangle \geq 0$ pour tout $x \in C$. Ce problème est répertorié sous l'appellation d'*inéquation variationnelle*.

Terminons par une expression de la dérivée directionnelle de l'opérateur de projection p_C.

Proposition 3.13 Soit $\bar{x} \in C$. Alors, p_C a en $\bar{x}$ une dérivée directionnelle dans toute direction $d \in H$, et cette dérivée directionnelle est la projection de d sur $T(C, \bar{x})$. En clair,

$$\lim_{t \to 0^+} \frac{p_C(\bar{x} + t\,d) - \bar{x}}{t} = p_C'(\bar{x}, d) = p_{T(C, \bar{x})}(d). \qquad (3.31)$$

Cette propriété, très expressive géométriquement (faire un dessin !), est très utilisée en Mécanique du contact (*cf.* page 79). Elle n'est pas très facile à démontrer... Le tenter quand même ; sinon voir ([AHU], Exercice 94).

Une bizarrerie à signaler : si $\bar{x} \notin C$, même si on est en dimension finie, il n'est pas assuré que p_C ait une dérivée directionnelle en $\bar{x}$!

Exercices

Exercice 1 (Variations sur les projections sur deux sous-espaces vectoriels fermés)

Soit H un espace de Hilbert et P une application linéaire continue de H dans lui-même.

1) Montrer que P est idempotent et auto-adjoint (*i.e.* $P^2 = P$ et $P^T = P$) si, et seulement si, $P = p_V$ pour un certain sous-espace vectoriel fermé de H (on dira que "P est projection orthogonale").

2) Soit à présent deux sous-espaces vectoriels fermés M et N de H. À l'aide du résultat de la première question, montrer :

   a) ($P_M \circ P_N$ est une projection orthogonale) $\Leftrightarrow$ (P_M et P_N commutent). Dans ce cas, $P_M \circ P_N = P_{M \cap N}$.

   b) ($P_M + P_N$ est une projection orthogonale) $\Leftrightarrow$ ($P_M \circ P_N = 0$). Dans ce cas, $P_M + P_N = P_{M+N}$.

   c) Si P_M et P_N commutent, alors $P_M + P_N - P_M \circ P_N$ est une projection orthogonale.

   d) Si P_M et P_N commutent, alors $P_M + P_N - 2\,P_M \circ P_N$ est une projection orthogonale.

Exercice 2 (Calcul d'un cône polaire dans $H^1(]0, 1[)$)

On munit $X = H^1(]0, 1[)$ du produit scalaire

$$\langle f, g \rangle = f(0)\,g(0) + \int_0^1 f(x)\,g(x)\,\mathrm{d}x$$

pour lequel X est un espace de Hilbert, dont la norme associée est équiva-
lenteà la norme usuelle de $H^1(]0, 1[)$. On considère le cône convexe $\mathcal{K}$ des
fonctions de $H^1(]0, 1[)$ qui sont positives, et on se propose de calculer son
cône polaire $\mathcal{K}^\circ$. Soit $g \in \mathcal{K}^\circ$ et $0 \le x_1 \le x_2 \le 1$.

1) Utilisant la fonction

$$f(x) = \begin{cases} 1 & \text{si } x \le x_1 \\ 1 - \frac{x - x_1}{x_2 - x_1} & \text{si } x_1 \le x \le x_2 \\ 0 & \text{si } x_2 \le x \le 1 \end{cases},$$

montrer que $g(0) \le g'(x)$ p.p.

2) Utilisant la fonction

$$f(x) = \begin{cases} 0 & \text{si } x \le x_1 \\ x - x_1 & \text{si } x_1 \le x \le \frac{x_1 + x_2}{2} \\ -x + x_2 & \text{si } \frac{x_1 + x_2}{2} \le x \le x_2 \\ 0 & \text{si } x_2 \le x \le 1 \end{cases},$$

montrer que g est décroissante.

3) Utilisant la fonction

$$f(x) = \begin{cases} 0 & \text{si } x \le x_1 \\ x - x_1 & \text{si } x_1 \le x \le \frac{x_1 + x_2}{2} \\ -x + x_2 & \text{si } \frac{x_1 + x_2}{2} \le x \le x_2 \\ 0 & \text{si } x_2 \le x \le 1 \end{cases},$$

montrer que g est convexe. En déduire que

$$\mathcal{K}^\circ \subset \left\{ g \in H^1(]0, 1[) \mid g \text{ convexe et } g(0) \le g'(x) \le 0 \text{ p.p.} \right\}.$$

4) On considère $g \in H^1(]0, 1[)$ convexe telle que $g(0) \le g'(x) \le 0$ p.p.
On prolonge g' en une fonction de $L^1_{\text{loc}}(\mathbb{R})$ par 0 sur $]1, +\infty[$ et par $g(0)$-
sur $]-\infty, 0[$, on considère pour $h > 0$ la régularisée par convolution $(g')_h$
et on pose :

$$g_h(x) = g(0) + \int_0^x (g')_h(t)\, dt.$$

Montrer que $g(0) \le (g')_h(x)$ p.p. sur $]0, 1[$, que g_h est convexe. Calculer $\langle f, g_h \rangle$ pour $f \in \mathcal{K}$. En déduire que

$$\mathcal{K}^\circ = \left\{ g \in H^1(]0, 1[) \mid g \text{ convexe et } g(0) \le g'(x) \le 0 \text{ p.p.} \right\}.$$

Exercice 3 (Interprétation des conditions nécessaires d'optimalité à l'aide de la décomposition de Moreau)

On considère le problème d'optimisation suivant

$$(\mathscr{P}) \begin{cases} \text{Minimiser } f(x) \\ \text{sous les contraintes } g_i(x) \leq 0 \text{ pour } i = 1, \ldots, m \end{cases},$$

où les fonctions $f, g_i : \mathbb{R}^n \to \mathbb{R}$ sont supposées toutes différentiables. On désigne par S l'ensemble-contrainte de $(\mathscr{P})$.

Les conditions nécessaires de minimalité du premier ordre, dites de KARUSH-KUHN-TUCKER, affirment ceci : sous une hypothèse de "qualification des contraintes" (non précisée), si $\bar{x} \in S$ est un minimiseur local de f sur S, alors il existe des réels $\overline{\mu}_1, \overline{\mu}_2, \ldots, \overline{\mu}_m$ tels que :

$$(a) \ \nabla f(\bar{x}) + \sum_{i=1}^{m} \overline{\mu}_i \, \nabla g_i(\bar{x}) = 0 \, ;$$

$$(b) \ (\overline{\mu}_1, \overline{\mu}_2, \ldots, \overline{\mu}_m) \in \mathbb{R}_+^m \text{ et } \sum_{i=1}^{m} \overline{\mu}_i \, g_i(\bar{x}) = 0.$$

L'objet de l'exercice est d'interpréter "la condition de complémentarité" (b) à l'aide de la décomposition de Moreau.
Pour $(g_1(\bar{x}), \ldots, g_m(\bar{x})) \in \mathbb{R}^m$ et $(\overline{\mu}_1, \overline{\mu}_2, \ldots, \overline{\mu}_m) \in \mathbb{R}^m$, montrer l'équivalence des trois assertions suivantes :

(1) $(g_1(\bar{x}), \ldots, g_m(\bar{x})) \in \mathbb{R}_-^m$, $(\overline{\mu}_1, \overline{\mu}_2, \ldots, \overline{\mu}_m) \in \mathbb{R}_+^m$ et $\sum_{i=1}^{m} \overline{\mu}_i \, g_i(\bar{x}) = 0$;

(2) $\left[(g_1(\bar{x}), \ldots, g_m(\bar{x})) + (\overline{\mu}_1, \overline{\mu}_2, \ldots, \overline{\mu}_m)\right]^- = -(g_1(\bar{x}), \ldots, g_m(\bar{x}))$;

(3) $\left[(g_1(\bar{x}), \ldots, g_m(\bar{x})) + (\overline{\mu}_1, \overline{\mu}_2, \ldots, \overline{\mu}_m)\right]^+ = (\overline{\mu}_1, \overline{\mu}_2, \ldots, \overline{\mu}_m).$

Ici, $[u]^+$ (resp. $[u]^-$) désigne le vecteur partie positive (resp. le vecteur partie négative) de $u \in \mathbb{R}^m$ (attention aux signes !).

Exercice 4 (Autour des cônes convexes fermés et de leurs polaires)

Soit $(H, \langle \cdot, \cdot \rangle)$ un espace de Hilbert où $\langle \cdot, \cdot \rangle$ désigne le produit scalaire. Soit K un cône convexe fermé de H, on note K° son cône polaire.
Pour $x \in K$, on note $N(K, x)$ le cône normal à K en x.

1) Soit $x \in K$. Montrer

$$(y \in N(K, x)) \Leftrightarrow (y \in K^\circ \text{ et } \langle y, x \rangle = 0). \tag{3.32}$$

2) Déduire de ce qui précède, concernant $y \in K°$:

$$\bigl(x \in N(K°, x)\bigr) \Leftrightarrow (x \in K \text{ et } \langle x, y \rangle = 0) . \qquad (3.33)$$

3) Soit $x \in K$ et $y \in K°$ vérifiant $\langle x, y \rangle = 0$. Montrer à l'aide de (3.32) et (3.33) que $x = p_K(x + y)$ et $y = p_{K°}(x + y)$.

Références

[BZ] J.M. Borwein and Q.J. Zhu. *Techniques of Variational Analysis*. CMS books in mathematics, Springer Verlag, 2005.

[D] F. Deutsch. *Best Approximation in Inner Product Spaces*. CMS books in mathematics, Springer Verlag, 2001.

[HUM] J.-B. Hiriart-Urruty and J. Malick. "A fresh variational look at the positive semidefinite matrices world". À paraître dans J. of Optimization Theory and Applications.

[HUS] J.-B. Hiriart-Urruty and A. Seeger. "A variational approach to copositive matrices". *SIAM Review 52*, 4 (2010), p. 593–629.

[F] M. Fuentes. *Analyse et optimisation de problèmes sous contraintes d'autocorrélation*. Ph. D Thesis, Paul Sabatier university, Toulouse, 2007.

[CLR] G. Carlier and T. Lachand-Robert. "Representation of the polar cone of convex functions and applications". *J. of Convex Analysis 15* 3 (2008), p. 535–546.

[AHU] D. Azé et J.-B. Hiriart-Urruty. *Analyse variationnelle et optimisation*. Cépaduès Éditions, Toulouse, 2010.

Chapitre 4
ANALYSE CONVEXE OPÉRATOIRE

> *"When Minkowski's theory of convexity appeared, some mathematicians said that he discovered a nice mathematical joy which, unfortunately, is quite useless. About a century passed, and now the theory of convex sets is a very important applied branch of mathematics."* V. BOLTYANSKI, in *Geometric methods and optimization problems* (1999)

Dans ce chapitre, nous présentons l'Analyse convexe sous sa forme opératoire, c'est-à-dire limitée aux définitions, techniques et outils essentiels, destinés à servir dans des contextes qui, eux, n'ont rien de convexe. À côté de son rôle *formateur*, l'Analyse convexe a aussi celui d'*explication* de phénomènes intervenant dans des problèmes variationnels. Ajoutons qu'une certaine élégance mathématique s'en dégage, ce qui n'est pas pour déplaire aux étudiants-lecteurs.

Le domaine est bien couvert par de nombreux excellents livres ([A], [ET], [Z], ...) ; nous ne fournirons donc que quelques démonstrations, celles qui illustrent des tours de main spécifiques au sujet.

Notre travail ici a été bien préparé par les généralités du Chapitre 1 et tout le Chapitre 3.

Points d'appui / Prérequis :
- Définitions et résultats du Chapitre 1.
- Cheminements suivis au Chapitre 3 (dans un contexte hilbertien).

J.-B. Hiriart-Urruty, *Bases, outils et principes pour l'analyse variationnelle*,
Mathématiques et Applications 70, DOI: 10.1007/978-3-642-30735-5_4,
© Springer-Verlag Berlin Heidelberg 2012

Contexte général

$(E, \|\cdot\|)$ est un espace de Banach, E^* son dual topologique. Les éléments de E^* sont notés x^*, mais aussi p ou s (p car ils peuvent correspondre à des prix ou des pentes dans certains contextes d'applications, s pour slope (= pente) en anglais). Rappelons (*cf.* Chapitre 1) que : $\|\cdot\|_*$ désigne la norme (sur E^*) duale de $\|\cdot\|$; le dual topologique de E^* muni de la topologie $\sigma(E^*, E)$ est E.

Pour y aller progressivement, un modèle à garder en tête est celui d'un espace de Hilbert $(H, \langle \cdot, \cdot \rangle)$.

Lorsque nous considérons une fonction $f : E \to \mathbb{R} \cup \{+\infty\}$, elle ne sera pas identiquement égale à $+\infty$ et il existera une fonction affine continue la minorant, c'est-à-dire : pour un certain $s_0 \in E^*$ et un certain $r_0 \in \mathbb{R}$,

$$f(x) \geq \langle s_0, x \rangle - r_0 \text{ pour tout } x \in E. \tag{4.1}$$

Hors de ce contexte, point de salut !

Complétons les définitions du Chapitre 1 avec :
– le *domaine* de f,

$$\mathrm{dom}\, f := \{x \in E \mid f(x) < +\infty\} \tag{4.2}$$

– l'*épigraphe strict* de f,

$$\mathrm{epi}_s\, f := \{(x, r) \in E \times \mathbb{R} \mid f(x) < r\} \tag{4.3}$$

(alors que, rappelons-le, l'épigraphe de f est

$$\mathrm{epi}\, f := \{(x, r) \in E \times \mathbb{R} \mid f(x) \leq r\}).$$

1 Fonctions convexes sur E

1.1 Définitions et propriétés

• Une fonction $f : E \to \mathbb{R} \cup \{+\infty\}$ est dite *convexe* (sur E) si l'inégalité suivante (dite de convexité) est vérifiée pour tout x, x' de E et tout $\alpha \in \ ]0, 1[$

$$f\left(\alpha\, x + (1 - \alpha)\, x'\right) \leq \alpha\, f(x) + (1 - \alpha)\, f(x'). \tag{4.4}$$

Si l'inégalité au-dessus est stricte lorsque $x \neq x'$ (dans $\mathrm{dom}\, f$), on parle de *stricte convexité* de f.

Il est évident que l'inégalité (4.4) n'a à être vérifiée que pour les x et x' en lesquels f prend des valeurs finies ; bref, la définition de la convexité de f revient à la définition plus familière de la convexité de f sur le convexe dom f de E (f y est à valeurs finies).

En fait, tout se passe bien, pour une fonction convexe, sur l'intérieur de son domaine ; les difficultés, style "effets de bord", apparaissent aux points frontières, un peu comme pour la semicontinuité inférieure (*cf.* page 2 au Chapitre 1).

• En chaussant nos lunettes géométriques, voici comme se voit la convexité :

$$(f \text{ est convexe}) \quad \Leftrightarrow (\text{epi } f \text{ est une partie convexe (de } E \times \mathbb{R})) \tag{4.5}$$

$$(f \text{ est convexe}) \quad \Leftrightarrow \left(\text{epi}_s \, f \text{ est une partie convexe}\right). \tag{4.6}$$

La caractérisation (4.5) sert par exemple à démontrer rapidement que le supremum d'une famille quelconque de fonctions convexes est convexe :

$$\left(\begin{array}{l} f_i : E \to \mathbb{R} \cup \{+\infty\} \text{ convexe} \\ \text{pour tout } i \in I \end{array} \right) \Rightarrow \left(f := \sup_{i \in I} f_i \text{ est convexe} \right). \tag{4.7}$$

Il suffit pour cela de se rappeler que epi $f = \bigcap_{i \in I}$ epi f_i et que l'intersection de convexes est convexe. Nous avons utilisé le même procédé pour la semicontinuité inférieure (*cf.* page 4 du Chapitre 1). Par suite :

$$\left(\begin{array}{l} f_i : E \to \mathbb{R} \cup \{+\infty\} \text{ convexe} \\ \text{et s.c.i. pour tout } i \in I \end{array} \right) \Rightarrow \left(\begin{array}{c} f := \sup_{i \in I} f_i \\ \text{convexe et s.c.i.} \end{array} \right). \tag{4.8}$$

• Si $f : E \to \mathbb{R} \cup \{+\infty\}$ est convexe et si $\alpha > 0$, alors αf est convexe.
• Si f et $g : E \to \mathbb{R} \cup \{+\infty\}$ sont convexes, alors $f + g$ est convexe.
• Si $f : E \to \mathbb{R} \cup \{+\infty\}$ est convexe, alors tous les ensembles de sous-niveau $[f \le r]$ ($:= \{x \in E \mid f(x) \le r\}$), $r \in \mathbb{R}$, sont convexes. Mais ceci ne caractérise pas les fonctions convexes (penser à la fonction $x \in \mathbb{R} \mapsto f(x) = \sqrt{|x|}$). Les fonctions f pour lesquelles tous les ensembles de la forme $[f \le r]$, $r \in \mathbb{R}$, sont convexes sont appelées *quasi-convexes* ; elles sont chères aux économistes (leurs fameuses "fonctions d'utilités").
• Le passage à l'infimum (d'une famille de fonctions convexes) mérite un commentaire. Si f et g sont convexes, $h := \inf(f, g)$ n'est pas convexe en général. Toutefois, on a le résultat suivant :
Si $f : E \times F \to \mathbb{R} \cup \{+\infty\}$ est une fonction convexe (de (x, y) !), alors la fonction

$$h : x \in E \mapsto h(x) := \inf_{y \in E} f(x, y) \text{ (supposée } > -\infty \text{ pour tout } x)$$

est une fonction convexe. C'est la convexité en le couple (x, y) de f qui a permis de préserver la convexité par passage à l'infimum. Cette fonction h est parfois appelée *fonction marginale*.

- La seule propriété de convexité de f induit sur elle des propriétés topologiques fortes. Par exemple : Si la fonction convexe $f : E \to \mathbb{R} \cup \{+\infty\}$ est continue en un point de l'intérieur de son domaine, alors elle est continue (et même localement Lipschitz) en tout point de l'intérieur de son domaine. Autre exemple, lié à la différentiabilité cette fois : Si la fonction convexe $f : \mathbb{R}^n \to \mathbb{R}$ admet des dérivées partielles en tout point, alors f est différentiable (et même continûment différentiable) sur $\mathbb{R}^n$.

- **Notation.** Pour la classe des fonctions $f : E \to \mathbb{R} \cup \{+\infty\}$ qui sont à la fois *convexes*, *s.c.i.*, de domaines non vides (on dit aussi *propres*), on utilisera parfois la notation $\Gamma_0(E)$.

1.2 Exemples

- **Fonctions indicatrices.** Rappelons que la fonction indicatrice i_S de $S \subset E$ est définie par : $i_S(x) = 0$ si $x \in S$, $+\infty$ sinon. De manière immédiate :

$$(i_S \text{ est convexe}) \Leftrightarrow (S \text{ est convexe}). \tag{4.9}$$

- **Fonctions-distances et fonctions-distances signées.** (§ 2.2.1 du Chapitre 2). Soit $S \subset E$ fermé, soit d_S (resp. Δ_S) la fonction-distance (resp. la fonction-distance signée) associée. Alors

$$(d_S \text{ est convexe}) \Leftrightarrow (S \text{ est convexe}). \tag{4.10}$$

$$(\Delta_S \text{ est convexe}) \Leftrightarrow (S \text{ est convexe}). \tag{4.11}$$

- **Fonctions quadratiques.** Soit $(H, \langle \cdot, \cdot \rangle)$ un espace de Hilbert, soit $A : H \to H$ une application linéaire continue auto-adjointe (c'est-à-dire vérifiant $A^* = A$), soit $b \in H$ et, enfin, soit $c \in \mathbb{R}$. La fonction, dite quadratique, associée à ces données est :

$$f : H \to \mathbb{R}$$
$$x \mapsto f(x) := \frac{1}{2} \langle A x, x \rangle + \langle b, x \rangle + c. \tag{4.12}$$

Alors :

$$(f \text{ est convexe sur } H) \Leftrightarrow (\langle A u, u \rangle \geq 0 \text{ pour tout } u \in H).$$

Lorsque $H = \mathbb{R}^n$ est muni du produit scalaire usuel et repéré par la base canonique, on parle de *semidéfinie positivité* pour la matrice symétrique représentant A.

- **Fonctions-barrières en Optimisation SDP** (*cf.* page 70 du Chapitre 3).
Soit $E = \mathscr{S}_n(\mathbb{R})$ et $f : E \to \mathbb{R} \cup \{+\infty\}$ définie comme suit :

$$f(M) := \begin{cases} -\ln(\det M) \text{ si } M \text{ est définie positive,} \\ +\infty \text{ sinon.} \end{cases} \tag{4.13}$$

Le domaine de cette fonction est l'ensemble (souvent noté $\mathscr{S}_n^{++}(\mathbb{R})$) des matrices définies positives ; c'est un cône convexe ouvert de E. Il se trouve que f est strictement convexe et de classe $\mathscr{C}^\infty$ sur $\mathscr{S}_n^{++}(\mathbb{R})$; c'est un exercice intéressant à faire ou à refaire, avec les résultats de calcul différentiel qui vont avec :

$$\nabla f(M) = M^{-1}, \; i.e. \; Df(M)(H) = \mathrm{tr}(M^{-1}H) \quad \text{pour tout } H \in E,$$
$$D^2 f(M)(H, K) = -\mathrm{tr}(M^{-1}HM^{-1}K) \quad \text{pour tout } H, \; K \text{ dans } E.$$

La fonction f est ici la petite cousine matricielle de la fonction de la variable réelle familière $x > 0 \mapsto -\ln(x)$. Elle est appelée fonction-barrière car, dans les problèmes d'optimisation où l'une des contraintes sur la variable matrice M est d'avoir M semidéfinie positive, l'ajout de $\varepsilon f(M)$, $\varepsilon > 0$, à la fonction-objectif à minimiser permet de contrôler ou même d'imposer cette contrainte. En effet : $\varepsilon f(M)$ "explose" quand $M \succ 0$ s'approche de la frontière de $\mathscr{S}_n^{++}(\mathbb{R})$, elle joue le rôle de barrière pour empêcher M d'en sortir.
- **Fonctions d'appui.**
Soit S une partie non vide de E^* (c'est uniquement ce cas qui sera considéré dans ce chapitre). On définit

$$\sigma_S : E \to \mathbb{R} \cup \{+\infty\}$$
$$x \mapsto \sigma_S(x) := \sup_{x^* \in S} \langle x^*, x \rangle. \tag{4.14}$$

σ_S est appelée *fonction d'appui* de S ; elle est évidemment convexe et positivement homogène ($\sigma_S(\alpha x) = \alpha \sigma_S(x)$ pour tout $\alpha > 0$). Il s'agit en fait d'une notion associée aux convexes fermés car une fonction d'appui ne sait pas faire la différence entre un ensemble et son enveloppe convexe fermée.
- **Fonctions valeurs propres.**
Pour $M \in \mathscr{S}_n(\mathbb{R})$, désignons par $\lambda_1(M) \geq \lambda_2(M) \geq \ldots \geq \lambda_k(M) \geq \ldots \geq \lambda_n(M)$ ses n valeurs propres rangées dans un ordre décroissant ; $\lambda_k(M)$ est ainsi la k-ième plus grande valeur propre de M. Définissons pour $k = 1, \ldots, n$

$$f_k := \lambda_1 + \lambda_2 + \ldots + \lambda_k. \tag{4.15}$$

Alors $f_k : \mathscr{S}_n(\mathbb{R}) \to \mathbb{R}$ est une fonction convexe, une fonction d'appui même (mais on ne dit pas "de quoi" ici). En fait, les f_k sont de plus en plus "régulières" (même si elles restent non différentiables) au fur et à mesure que k augmente. Ainsi, λ_1 (= la fonction plus grande valeur propre) est la plus "chahutée", alors qu'on finit avec $f_n : M \mapsto f_n(M) = \mathrm{tr}M$ qui est une fonction linéaire.

- **Un problème-modèle de minimisation.**
Soit $f : E \to \mathbb{R} \cup \{+\infty\}$ une fonction convexe, soit $g : F \to \mathbb{R} \cup \{+\infty\}$ une fonction convexe (F est ici un autre espace de Banach), soit $A \in \mathscr{L}(E, F)$. Un problème-modèle de minimisation convexe s'écrit comme suit :

$$(\mathscr{P}) \begin{cases} \text{Minimiser } h(x) := f(x) + g(A\,x), \\ x \in E. \end{cases}$$

Les contraintes dans ce problème d'optimisation n'apparaissent pas explicitement mais elles sont cachées (ou intégrées) dans le fait que f et g peuvent prendre la valeur $+\infty$.

Il est clair que h est une fonction convexe sur E ; elle est propre (*i.e.*, non identiquement égale à $+\infty$) s'il existe un point $x \in \mathrm{dom}f$ tel que $A\,x \in \mathrm{dom}\,g$.

En traitement (mathématique) des images, on peut avoir la situation suivante :

E et F espaces de Hilbert, $z \in F$ donné (le signal reçu, bruité) ; puis

$$f \text{ de la forme } I_\varphi : x \mapsto I_\varphi(x) := \int_T \varphi(x(t))\,\mathrm{d}\mu$$

(fonction dite d'entropie, associée à la fonction convexe s.c.i. $\varphi : \mathbb{R} \to \mathbb{R} \cup \{+\infty\}$, exemples : $\varphi(u) = \ln(u)$, $u\ln(u)$, $|u|$, ...), définie sur un sous-espace vectoriel $L_p\,(T, \mu)$ de E ;

$$g \text{ particularisée à } g : y \mapsto \frac{r}{2}\,\|y - z\|^2 \,;$$
$$A \in \mathscr{L}(E, F).$$

Le format du problème variationnel est donc

$$(\mathscr{P}_z) \begin{cases} \text{Minimiser } I_\varphi(x) + \dfrac{r}{2}\,\|A\,x - z\|^2, \\ x \in E. \end{cases} \tag{4.16}$$

2 Deux opérations préservant la convexité

À côté des opérations usuelles de l'Analyse connues pour préserver la convexité de fonctions, il y en a deux essentielles sur lesquelles on va s'appesantir quelque peu.

2.1 Passage au supremum

La première est le *passage au sup*, déjà évoqué : Si les f_i sont convexes (resp. convexes s.c.i.) pour tout $i \in I$ (ensemble quelconque d'indices i), il en est de même de $f := \sup_{i \in I} f_i$. C'est une construction très générale, y compris dans le royaume de la convexité. Elle n'a pas été vue en Calcul différentiel, tout bonnement parce qu'elle détruit la différentiabilité ! Il y a maints domaines d'applications où on est déjà content de savoir minimiser $f := \max(f_1, \ldots, f_k)$, avec des f_i toutes convexes et différentiables.

2.2 Inf-convolution

La deuxième est cousine en Analyse convexe de la convolution (intégrale) en Analyse, $(f * g)(x) = \int_{\mathbb{R}^n} f(x - u)\, g(u)\, \mathrm{d}x$. Ici, à partir de $f : E \to \mathbb{R} \cup \{+\infty\}$ et $g : E \to \mathbb{R} \cup \{+\infty\}$, on définit l'inf-convolée de f et g la fonction, notée $f \,\square\, g$, définie comme suit :

$$
\begin{aligned}
x \in E \mapsto (f \,\square\, g)(x) &:= \inf_{u \in E} \left[f(u) + g(x - u) \right] \\
&= \inf_{\substack{x_1,\, x_2 \in E \\ x_1 + x_2 = x}} \left[f(x_1) + g(x_2) \right].
\end{aligned}
\tag{4.17}
$$

L'opération d'*inf-convolution* $\square$ est notée de façons diverses dans la littérature : ∇, $\oplus$ par exemple. On dit que l'inf-convolution de f et g est exacte en $x \in E$ lorsque la borne inférieure est atteinte dans la définition (4.17). Il existe alors $\bar{x}_1$ et $\bar{x}_2$ dans E, de somme x, tels que $(f \,\square\, g)(x) = f(\bar{x}_1) + g(\bar{x}_2)$. Voici quelques propriétés qui découlent immédiatement de la définition :

$\mathrm{dom}(f \,\square\, g) = \mathrm{dom}\, f + \mathrm{dom}\, g$ (par exemple $i_A \,\square\, i_B = i_{A+B}$) ;
$\mathrm{epi}_s (f \,\square\, g) = \mathrm{epi}_s\, f + \mathrm{epi}_s\, g$ (relation entre épigraphes stricts).

Cela induit :

$(f$ et g convexes$) \Rightarrow (f \square g$ convexe$)$.

$f \square g = g \square f$ (commutativité). $\qquad\qquad$ (4.18)

$(f \square g) \square h = f \square (g \square h)$ (associativité).

$f \square i_0 = f$ $(i_0$, la fonction indicatrice de $\{0\}$, est élément neutre).

La propriété $\mathrm{epi}_s(f \square g) = \mathrm{epi}_s f + \mathrm{epi}_s g$ fait que l'inf-convolution est parfois appelée *addition épigraphique*.

Examinons deux situations où l'opération d'inf-convolution apparaît, de manière cachée parfois.

En Économie. Soit $x \in \mathbb{R}^n$ représentant un total de biens à produire. La production est à répartir entre k unités de production, chacune ayant un coût de production associé f_i :

x_i biens produits par l'unité de production i coûte $f_i(x_i)$.

L'objectif est le suivant : produire x, en répartissant la production dans les unités de production, de sorte que le coût total de production $f_1(x_1) + \ldots + f_k(x_k)$ soit minimisé. Le coût de production optimal (à atteindre) est

$$\inf_{x_1 + \ldots + x_k = x} [f_1(x_1) + \ldots + f_k(x_k)] = (f_1 \square f_2 \square \ldots \square f_k)(x).$$

En Physique. On se souvient des relations liant voltage (tension) v, intensité $\overline{i}$ et puissance p lorsqu'on a affaire à une résistance r :

$$v = r\,i, \; p = r\,i^2.$$

Dans un contexte plus général, nous avons le schéma suivant :

$$I = \begin{pmatrix} i_1 \\ \vdots \\ i_k \end{pmatrix}$$

I est un vecteur-intensité, $R \in \mathscr{S}_n(\mathbb{R})$ une résistance généralisée, $R \succeq 0$ (et même $R \succ 0$ en l'absence de coupe-circuits). La tension V est RI,

$$\begin{pmatrix} v_1 \\ \vdots \\ v_k \end{pmatrix} = R \begin{pmatrix} i_1 \\ \vdots \\ i_k \end{pmatrix},$$

et la puissance dissipée p est

$$p = \langle RI, I \rangle.$$

Quand on met deux résistances généralisées R_1 et R_2 en série, la puissance totale dissipée est $p_1 + p_2 = \langle R_1 I, I \rangle + \langle R_2 I, I \rangle = \langle (R_1 + R_2) I, I \rangle$. Cela correspond à l'addition des formes quadratiques p_1 et p_2, et donc à l'addition matricielle de R_1 et R_2.

Supposons à présent qu'on mette les résistances généralisées R_1 et R_2 en parallèle ; quelle serait alors la résistance généralisée équivalente ?

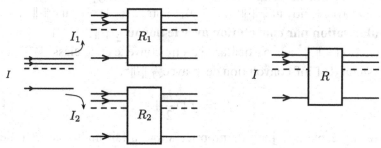

Un principe (variationnel) de Maxwell indique que la répartition de I en I_1 et I_2 (dans les deux branches en parallèle) se fait de manière à minimiser la puissance totale dissipée $\langle R_1 I_1, I_1 \rangle + \langle R_2 I_2, I_2 \rangle$. Ainsi la puissance minimale dissipée est

$$p = \inf_{I_1 + I_2} [\langle R_1 I_1, I_1 \rangle + \langle R_2 I_2, I_2 \rangle]. \qquad (4.19)$$

On voit apparaître l'inf-convolution des deux formes quadratiques associées aux puissances. Le problème d'optimisation (4.19) est facile à résoudre lorsque $R_1 \succ 0$ et $R_2 \succ 0$; c'est même un excellent exercice que nous recommandons au lecteur-étudiant de traiter. Quoi qu'il en soit, le résultat est le suivant

$$p = \langle RI, I \rangle \text{ avec } R = (R_1^{-1} + R_2^{-1})^{-1}, \qquad (4.20)$$

ce qui nous rappelle la formule sur les résistances mises en parallèle, apprise quand on était petit : $\frac{1}{r} = \frac{1}{r_1} + \frac{1}{r_2}$.

Il est intéressant de noter que l'inf-convolution est exacte dans (4.19) : il existe $\bar{I}_1$ et $\bar{I}_2$ (que l'on peut d'ailleurs expliciter) telles que

$$I = \bar{I}_1 + \bar{I}_2 \text{ et } p = \langle R_1 \bar{I}_1, \bar{I}_1 \rangle + \langle R_2 \bar{I}_2, \bar{I}_2 \rangle.$$

La chose à observer est "la relation à l'optimum"

$$RI = R_1 \bar{I}_1 = R_2 \bar{I}_2, \qquad (4.21)$$

qui s'interprète comme l'égalité des tensions lorsque l'on suit soit la branche 1 (avec R_1), la branche 2 (avec R_2), soit le dispositif équivalent (avec R). Une explication dans un contexte plus général sera donnée plus loin (§ 4.3, Inf-convolution).

Effets régularisants de l'inf-convolution

Comme la convolution (intégrale) usuelle en Analyse, l'inf-convolution a des effets régularisants. Nous en donnons quelques idées.

Soit H un espace de Hilbert, soit $f \in \Gamma_0(H)$, c'est-à-dire convexe s.c.i. sur H et finie en un point au moins. Nous indiquons ici deux types de régularisation de f, l'une avec le noyau $\frac{r}{2} \|\cdot\|^2$ $(r > 0)$, l'autre avec le noyau $r \|\cdot\|$ $(r > 0)$.

- **Régularisation par convolution avec le noyau $\frac{r}{2} \|\cdot\|^2$ ([M])**

  La fonction $\frac{r}{2} \|\cdot\|^2$ a la particularité d'être convexe et de classe $\mathscr{C}^\infty$ sur H. Le résultat de l'inf-convolution de f avec $\frac{r}{2} \|\cdot\|^2$,

  $$f_r := f \,\square\, \frac{r}{2} \|\cdot\|^2 \,, \tag{4.22}$$

  est très agréable : f_r jouit de propriétés tout à fait intéressantes (elle est par exemple convexe et de classe $\mathscr{C}^1$ sur H ; $f_r(x) \uparrow f(x)$ en tout $x \in H$ quand $r \to +\infty$). Nous en avons fait un problème (énoncé en fin de chapitre) que nous conseillons au lecteur-étudiant de faire (après avoir étudié ce chapitre).

  Le fonction f_r s'appelle *la régularisée (ou approximée) de Moreau-Yosida de f*. Elle apparaît, parfois sous forme cachée, dans les techniques de régularisation dans des problèmes variationnels (notamment dans le traitement mathématique des images), [CP] en fournit des exemples.

  Pour $x \in H$, l'unique élément x_r minimisant $u \mapsto f(u) + \frac{r}{2} \|x - u\|^2$ dans la définition même de $f_r(x)$ se note $\mathrm{prox}_{f,r}(x)$. Cette application, définie sur H, appelée *application proximale*, tire son nom du fait que, lorsque $f = i_C$, $\mathrm{prox}_{f,r}$ n'est autre que l'application de projection sur C (et d'ailleurs, $i_C \,\square\, \frac{r}{2} \|\cdot\|^2 = \frac{r}{2} d_C^2$). Cette construction est aussi à la base des "méthodes de type proximal" utilisées dans l'algorithmique pour la minimisation de fonctions convexes.

- **Régularisation avec le noyau $r \|\cdot\|$ ([HU1])**

  Avec ce noyau $r \|\cdot\|$, ce sont d'autres qualités qu'on récupère sur

  $$f_r := f \,\square\, r \|\cdot\| \,. \tag{4.23}$$

Ici, f_r est convexe et Lipschitz (avec constante r) sur E, du moins pour r assez grand. À la différence de la fonction de (4.22), la fonction de (4.23) "colle" à f, du moins en les points x où $\|Df(x)\|_* \leq r$. Elle "enveloppe" f au fur et à mesure que $r \to +\infty$.

On retient de ces techniques de régularisation par inf-convolution la même idée que celle qui prévalait dans la régularisation par convolution intégrale :

quand on ne sait pas faire avec une fonction générale $f \in \Gamma_0(E)$, on commence par faire avec une version régularisée f_r de f, et on croise les doigts pour que tout se passe bien en passant à la limite ($r \to +\infty$).

L'opération inverse de la convolution consiste en la *déconvolution d'une fonction convexe par une autre*; une présentation succincte en est faite en [HU4].

3 La transformation de Legendre-Fenchel

Après la transformée de Fourier et la transformée de Laplace que le lecteur-étudiant a rencontrées lors de sa formation, voici une nouvelle transformée de fonction, portant le nom de W. Fenchel et A.-M. Legendre (l'intervention de ce deuxième nom sera expliquée un peu plus loin).

Comme cela a déjà été dit en début de ce chapitre, dès que nous parlerons d'une fonction $f : E \to \mathbb{R} \cup \{+\infty\}$, il s'agira d'une fonction non identiquement égale à $+\infty$ et minorée par une fonction affine continue :

$$f(x) \geq \langle s_0, x \rangle - r_0 \text{ pour tout } x \in E, \tag{4.24}$$

pour un certain $s_0 \in E^*$ et un certain $r_0 \in \mathbb{R}$.

Pour les éléments de E^*, parmi les notations x^*, p, s, nous choisissons ici s (s pour slope).

3.1 Définition et premières propriétés

Définition 4.1 La transformée de Legendre-Fenchel de f est la fonction f^* définie sur E^* de la manière suivante :

$$\forall s \in E^*, \ f^*(s) := \sup_{x \in E} \left[\langle s, x \rangle - f(x) \right]. \tag{4.25}$$

Autres appellations pour f^* : conjuguée de f, polaire de f.

Une première interprétation économique de $f^*(s)$: Supposons qu'un bien x soit vendu au prix s et qu'il ait coûté $f(x)$ à produire ; la meilleure marge en vendant au prix s, parmi toutes les quantités x de biens pouvant être produites, est $\sup_{x \in E} \left[\langle s, x \rangle - f(x) \right]$.

Autre lecture de la Définition 4.1 :

$$- f^*(s) = \inf_{x \in E} \left[f(x) - \langle s, x \rangle \right]. \tag{4.26}$$

Ainsi, $f^*(s)$ est, au signe près, le résultat de la minimisation de f perturbée par une forme linéaire continue $\langle s, \cdot \rangle$.

Avec les hypothèses sur f faites dès le début, f^* n'est pas identiquement égale à $+\infty$ (en effet, $f^*(s_0) < +\infty$ pour la pente s_0 de (4.24), et ne prend jamais la valeur $+\infty$). De plus, par définition-construction, f^* *est toujours une fonction convexe s.c.i.* (pour la topologie $\sigma(E^*, E)$). Il suffit pour voir cela d'écrire f comme le supremum d'une famille de fonctions affines continues (sur E^*) :

$$f^* = \sup_{x \in E} \left[\langle \cdot, x \rangle - f(x) \right]. \tag{4.27}$$

On se rappelle qu'avec la transformée de Fourier $\mathscr{F}f$ de f, on a $\mathscr{F}f(0) = \int_{\mathbb{R}^n} f(x)\,dx$. Avec la transformée de Legendre-Fenchel, on a quelque chose de similaire :

$$f^*(0) = -\inf_{x \in E} f(x). \tag{4.28}$$

3.2 Quelques exemples pour se familiariser avec le concept

- $f : \mathbb{R} \to \mathbb{R}$ définie par $f(x) = \frac{1}{p}|x|^p$, où $p > 1$.

  Alors, en désignant par q le "réel conjugué de p", *i.e.* tel que $\frac{1}{p} + \frac{1}{q} = 1$,

  $$f^*(s) = \frac{1}{q}|s|^q \text{ pour tout } s \in \mathbb{R}.$$

- $f : \mathbb{R} \to \mathbb{R}$ définie par $f(x) = -\ln x$ si $x > 0$, $+\infty$ si $x \leq 0$. Alors :

  $$f^*(s) = -\ln(-s) - 1 \text{ si } s < 0, \ +\infty \text{ ailleurs.}$$

- $f : \mathbb{R} \to \mathbb{R}$ définie par $f(x) = e^x$. Alors :

  $$f^*(s) = s \ln s - s \text{ si } s > 0, \ 0 \text{ si } s = 0, \ +\infty \text{ si } s < 0.$$

- $f : \mathbb{R}^n \to \mathbb{R}$ définie par $f(x) = \frac{1}{2}\langle Ax, x \rangle$, où A est supposée définie positive. Alors, f^* a la même allure que f :

  $$f^*(s) = \frac{1}{2}\langle A^{-1}s, s \rangle.$$

- Soit f la fonction indicatrice de la boule-unité fermée de E, $f = i_{\overline{B(0,1)}}$. Alors, $f^*(s) = \sup_{\|x\| \leq 1} \langle s, x \rangle = \|s\|_*$.

- Soit K un convexe fermé d'un espace de Hilbert $(H, \langle \cdot, \cdot \rangle)$, soit K° son cône polaire (*cf.* § 3.1 du Chapitre 3). Considérons $f = i_K$. Alors :

$$f^* = i_{K^\circ}.$$

Avec deux des exemples au-dessus, on voit apparaître un "jeu de bascule" :
$A \rightleftharpoons A^{-1}$ et $K \rightleftharpoons K^\circ$. De là à penser que $(f^*)^* = f$, il y a un pas... que nous ne pouvons franchir pour l'instant.

- **Ce que vient faire Legendre dans cette affaire**

Supposons $f : H \to \mathbb{R}$ différentiable sur l'espace de Hilbert H. La définition même de $f^*(s)$ conduit à maximiser $x \mapsto \langle s, x \rangle - f(x)$ sur H, donc à considérer la condition d'opimalité $\nabla f(x) = s$. Mettons-nous dans une situation où cette équation a une et une seule solution, et ce pour tout $s \in H$. La notation $x = (\nabla f)^{-1}(s)$ a alors un sens. La transformée de Legendre $\mathscr{L} f$ de f se trouve être définie par

$$(\mathscr{L} f)(s) = \langle s, (\nabla f)^{-1}(s) \rangle - f((\nabla f)^{-1}(s)). \qquad (4.29)$$

Dans le cas où f est en outre convexe, résoudre l'équation $\nabla f(x) = s$ revient à résoudre le problème de la maximisation de $x \mapsto \langle s, x \rangle - f(x)$ sur H.

Donc, $(\mathscr{L} f)(s)$ exprimée dans (4.29) n'est autre que $f^*(s)$.

Il est aisé d'illustrer (4.29) en considérant $f : x \in \mathbb{R}^n \mapsto f(x) = \frac{1}{2} \langle Ax, x \rangle$, avec A définie positive.

La transformation de Legendre-Fenchel $f \rightsquigarrow f^*$ apparaît donc comme une généralisation de la transformation de Legendre $f \rightsquigarrow \mathscr{L} f$ telle que définie en (4.29).

- Soit $E = L^p(\Omega, \mathcal{A}, \mu)$ avec $1 < p < +\infty$, de sorte que $E^* = L^q(\Omega, \mathcal{A}, \mu)$, où $\frac{1}{p} + \frac{1}{q} = 1$. Lorsque J est définie sur E par

$$J(u) = \frac{1}{p} \int_\Omega \|u(x)\|^p \, d\mu(x),$$

il se trouve que J^* s'exprime sur E^* par

$$J^*(v) = \frac{1}{q} \int_\Omega \|v(x)\|^q \, d\mu(x).$$

Plus généralement, sous des hypothèses comme "$f(x, \cdot)$ est convexe s.c.i. pour tout x", plus des hypothèses légères (mais techniques) sur f, la "fonctionnelle intégrale" $u \in L^p \mapsto J(u) = \int_\Omega f(x, u(x)) \, d\mu(x)$ a pour transformée de Legendre-Fenchel la fonction $v \in L^p \mapsto \int_\Omega f^*(x, v(x)) \, d\mu(x)$ [la transformation $\varphi \mapsto \varphi^*$ passe à travers l'intégrale en quelque sorte].

3.3 L'inégalité de Fenchel

L'inégalité suivante vient immédiatement de la définition-construction de f^* (cf. Définition 4.1) :

$$\text{Pour tout } x \in E \text{ et } s \in E^*, \ \langle s, x \rangle \leq f(x) + f^*(s). \qquad (4.30)$$

Bien qu'élémentaire, cette inégalité est source de bien d'inégalités intéressantes de l'Analyse. À titre de premier exemple, avec $f : x \in \mathbb{R}^n \mapsto f(x) = \frac{1}{2} \langle Ax, x \rangle$ (A définie positive), elle conduit à :

$$\text{Pour tout } x, y \text{ dans } \mathbb{R}^n, \ \langle s, x \rangle \leq \frac{1}{2} \left[\langle Ax, x \rangle + \langle A^{-1}s, s \rangle \right].$$

Exercice (intéressant et facile)
Soit $(H, \langle \cdot, \cdot \rangle)$ un espace de Hilbert. Montrer que la fonction $f = \frac{1}{2} \|\cdot\|^2$ est la seule solution de l'équation $f = f^*$.

Il suffit pour cela de combiner l'inégalité de Fenchel avec celle qui reste la plus importante en Analyse hilbertienne : l'inégalité de Cauchy-Schwarz. Le résultat annoncé n'est pas sans rappeler que, pour ce qui concerne la transformée de Fourier $\mathscr{F}f$ de fonctions f de la variable réelle, la seule solution de l'équation $\mathscr{F}f = f$ est la fonction $x \mapsto f(x) = e^{-x^2}$.

3.4 La biconjugaison

Ayant défini f^* sur E^*, il est tentant de définir $(f^*)^*$ (notée f^{**}) sur E^{**}. Nous ne considérerons que la restriction de f^{**} à E, en gardant la même notation. On peut penser qu'on va retomber sur nos pieds, c'est-à-dire avoir $f^{**} = f$, ce qui est sans espoir en général puisqu'une transformée de Legendre-Fenchel est... toujours convexe. Le résultat qui suit, donné ici sans démonstration, est fondamental dans ce contexte de biconjugaison.

Théorème 4.2 Soit $f : E \to \mathbb{R} \cup \{+\infty\}$ non identiquement égale à $+\infty$ et minorée par une fonction affine continue. Alors :

(i) $f^{**} \leq f$.

(ii) Si f est de plus convexe, alors $f^{**}(x) = f(x)$ si et seulement si f est s.c.i. en x. En particulier :

$$\left(f = f^{**} \right) \Leftrightarrow \left(f \text{ est convexe et s.c.i. sur } E \right).$$

(iii) En règle générale, f^{**} est la plus grande fonction convexe s.c.i. minorant f, celle dont l'épigraphe est $\overline{\text{co}}\,(\text{epi}\,f)$ (laquelle fonction est notée $\overline{\text{co}}\,f$). En clair :

$$f^{**} = \overline{\text{co}}\,f.$$

Si H est un espace de Hilbert, la transformation $(\cdot)^*$ est une *involution* sur $\Gamma_0(H)$:

$$\Gamma_0(H) \overset{(\cdot)^*}{\underset{(\cdot)^*}{\rightleftarrows}} \Gamma_0(H).$$

Cette involution se manifeste dans les deux exemples de "jeu de bascule" cités au § 3.2.

Nous n'étudierons pas davantage ici cette opération de "convexification fermée" d'une fonction car elle fera l'objet d'une attention particulière au § 1 du Chapitre 5.

3.5 Quelques règles de calcul typiques

Les fonctions ingrédients de base, à qui on appliquera une opération d'Analyse (et donc une règle de calcul sur les transformées de Legendre-Fenchel correspondantes) seront supposées convexes et s.c.i. et non identiquement égale à $+\infty$, même si ça n'est pas toujours nécessaire pour la validité de la règle de calcul.

• $(\mathscr{R}_1)$

$$(f \,\square\, g)^* = f^* + g^*. \tag{4.31}$$

• $(\mathscr{R}_2)$

$$(f + g)^* = f^* \,\square\, g^* \tag{4.32}$$

... pas tout à fait. Pour que (4.32) soit assurée, il faut une condition liant f et g. Il y a une multitude d'exemples de telles conditions, toutes les unes plus fines (et élégantes) que les autres. Nous nous contentons ici d'une seule : *il existe un point en lequel f et g sont finies et f est continue.*

Ainsi, quand tout se passe bien, les opérations "+" et " $\square$ " sont duales l'une de l'autre.

• $(\mathscr{R}_3)$

$$\left(\inf_{i \in I} f_i\right)^* = \sup_{i \in I} f_i^*. \tag{4.33}$$

- $(\mathscr{R}_4)$ La transformation $(\cdot)^*$ ne sait pas discerner tout ce qui est entre f et $\overline{\text{co}}\, f$; c'est-à-dire :

$$(\overline{\text{co}}\, f \le g \le f) \Rightarrow (g^* = f^*).\qquad (4.34)$$

- $(\mathscr{R}_5)$

$$\left(\sup_{i \in I} f_i\right)^* = \overline{\text{co}}\left(\inf_{i \in I} f_i\right)^*.$$

Pour terminer ce paragraphe, signalons un résultat très récent qui indique que la transformation de Legendre-Fenchel est, à peu de choses près, la seule involution de $\Gamma_0(\mathbb{R}^n)$ qui inverse l'ordre entre fonctions.

Théorème 4.3 ([AM])   Soit $T : \Gamma_0(\mathbb{R}^n) \to \Gamma_0(\mathbb{R}^n)$ une transformation vérifiant :

(i) $T \circ T = T$ et   (ii) $(f \le g) \Rightarrow (Tf \ge Tg)$.

Alors, T est essentiellement la transformation de Legendre-Fenchel, c'est-à-dire : il existe $A \in \mathscr{L}(\mathbb{R}^n)$ inversible, $s_0 \in \mathbb{R}^n$ et $r_0 \in \mathbb{R}$ tels que

$$(Tf)(x) = f^*(A\,x + s_0) + \langle s_0, x \rangle + r_0 \text{ pour tout } x \in \mathbb{R}^n.$$

4 Le sous-différentiel d'une fonction

4.1 Définition et premiers exemples

Définition 4.4 Soit $f : E \to \mathbb{R} \cup \{+\infty\}$ et x un point en lequel f est finie (c'est-à-dire $x \in \text{dom } f$). On dit que $s \in E^*$ est un *sous-gradient* de f en x lorsque

$$f(y) \ge f(x) + \langle s, y - x \rangle \text{ pour tout } y \in E.\qquad (4.35)$$

L'ensemble des sous-gradients de f en x est appelé le *sous-différentiel* de f en x et est noté $\partial f(x)$.

La Définition 4.4 exprime que la fonction affine continue

$$y \mapsto \langle s, y \rangle + f(x) - \langle s, x \rangle,$$

de pente s, minore f sur E et coïncide avec elle en x. Autre manière de dire les choses : s est un sous-gradient de f en x si, et seulement si, x est un minimiseur de la fonction perturbée $y \mapsto f(y) - \langle s, y \rangle$ sur E.

Les appellations sous-gradient ou sous-différentiel doivent faire penser que ces concepts ont quelque chose à voir avec les objets du Calcul différentiel mais qu'ils interviennent "par dessous les fonctions".

Si $x \notin$ dom f, on convient de poser $\partial f(x) = \emptyset$. Ainsi, nous avons défini une multiapplication

$$\partial f : E \rightrightarrows E^*.$$

Le graphisme ∂ peut surprendre ici car c'est celui des dérivées partielles de fonctions de plusieurs variables. Mais il est entré dans les habitudes et les confusions sont facilement évitées.

A priori, le sous-différentiel est défini pour n'importe quelle fonction, mais nous verrons qu'il fonctionne bien essentiellement dans le cas les fonctions convexes. Des généralisations du concept seront abordées au Chapitre 6.

   Donnons quelques exemples.
- Soit $f : X \in \mathbb{R} \mapsto f(x) = |x|$. Alors,

$$\partial f(x) = \{-1\} \text{ si } x < 0, \ \{+1\} \text{ si } x > 0 \text{ et } [-1, +1] \text{ si } x = 0.$$

En parallèle de cette fonction, considérons $g = i_{[-1,+1]}$ (la fonction indicatrice de $[-1, +1]$). Alors,

$$\partial g(x) = \{0\} \text{ si } -1 < x < +1, \ \mathbb{R}^- \text{ si } x = -1, \ \mathbb{R}^+ \text{ si } x = +1.$$

Les graphes de ces deux multiapplications sous-différentiels, ∂f et ∂g, tracés ci-dessous, sont à garder à l'esprit car ils sont dans une relation particulière.
- Puisque f est autorisée à prendre la valeur $+\infty$, profitons-en. Soit S une partie non vide de E, soit $x \in S$. Alors, de par la Définition 4.4,

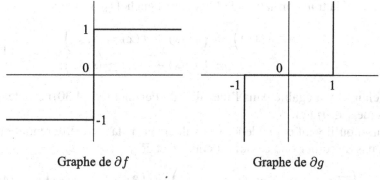

      Graphe de ∂f Graphe de ∂g

Fig. 4.1

$$s \in \partial(i_S)(x) \Leftrightarrow \langle s, y - x \rangle \leq 0 \text{ pour tout } y \in S. \qquad (4.36)$$

L'ensemble $\partial(i_S)(x)$ est appelé *cône normal* à S en x, il est désormais noté $N(S, x)$ (ou $N_S(x)$). La signification géométrique de l'inégalité présente dans (4.36) est claire : s fait un "angle obtus" avec tout vecteur $y - x$ s'appuyant sur $y \in S$. Quelques petits dessins dans le plan s.v.p. !

- Soit $(H, \langle \cdot, \cdot \rangle)$ un espace de Hilbert, soit S une partie fermée non vide de H. Considérons à nouveau la fameuse fonction φ_S abordée au Chapitre 2 (*cf.* page 43) :

$$\varphi_S : x \in H \mapsto \varphi_S = \frac{1}{2} \left[\|x\|^2 - d_S^2(x) \right].$$

La fonction φ_S est toujours convexe et un exercice pas difficile et intéressant consiste à démontrer l'inclusion générale suivante :

$$\overline{\mathrm{co}} \, P_S(x) \subset \partial \varphi_S(x) \text{ pour tout } x \in H. \qquad (4.37)$$

Dans le cas plus spécifique où S est convexe, il a été observé (Proposition 3.2 du Chapitre 3) que φ_S est différentiable sur H, avec

$$\partial \varphi_S(x) = \{\nabla \varphi_S(x)\} = \{p_S(x)\} \text{ pour tout } x \in H. \qquad (4.38)$$

4.2 Propriétés basiques du sous-différentiel

- Lien géométrique avec l'épigraphe de f. On a :

$$\left(s \in \partial f(x) \right) \Leftrightarrow \Big((s, -1) \in E^* \times \mathbb{R} \text{ est normal à epi } f$$
$$\text{en } (x, f(x)) \in E \times \mathbb{R}, \text{ i.e. } (s, -1) \in N_{\mathrm{epi}\, f} (x, f(x)) \Big).$$

- Lien avec la transformation de Legendre-Fenchel (§ 3). On a :

$$\left(s \in \partial f(x) \right) \Leftrightarrow \left(f^*(s) + f(x) = \langle s, x \rangle \right)$$
$$\Leftrightarrow \left(f^*(s) + f(x) \geq \langle s, x \rangle \right). \qquad (4.39)$$

En clair, il y a égalité dans l'inégalité de Fenchel (*cf.* (4.30)) exactement lorsque $s \in \partial f(x)$.

- Pourvu qu'il y ait coïncidence des valeurs en x, la sous-différentiation ne sait pas discerner tout ce qui est entre f et $\overline{\mathrm{co}} \, f$:

$$\left(\overline{\mathrm{co}} \, f \leq g \leq f \text{ et } f(x) = g(x) \right) \Rightarrow \left(\partial f(x) = \partial g(x) \right). \qquad (4.40)$$

-

$$\text{Si } \partial f(x) \neq \emptyset, \text{ alors } \overline{\text{co}}\, f \text{ et } f \text{ coïncident en } x. \qquad (4.41)$$

-

$$\text{Si } s \in \partial f(x), \text{ alors } x \in \partial f^*(s). \qquad (4.42)$$

- Supposons que l'espace sous-jacent soit un espace de Hilbert $(H, \langle \cdot, \cdot \rangle)$. Alors, $0 \neq s \in \partial f(x)$ est toujours une "direction de montée", c'est-à-dire :

$$f(x + t\,s) \geq f(x) + t\, \|s\|^2 > f(x) \text{ pour tout } t > 0. \qquad (4.43)$$

Mais $-s$ n'est pas toujours une "direction de descente"; cela fait une (grande) différence avec le cas des fonctions différentiables.

Donnons à présent des propriétés plus qualitatives, dont les démonstrations sont moins immédiates que celles des propriétés énoncées au-dessus.

- On a :

$$\partial f(x) \text{ est une partie convexe } \sigma(E^*, E)\text{-fermée (de } E^*). \qquad (4.44)$$

- Si $f : E \to \mathbb{R} \cup \{+\infty\}$ est *convexe s.c.i.* et finie en un point ($f \in \Gamma_0(E)$ en bref), alors on a le "jeu de bascule" suivant :

$$\left(s \in \partial f(x) \right) \Leftrightarrow \left(x \in \partial f^*(s) \right). \qquad (4.45)$$

Géométriquement, cela signifie que les graphes des multiapplications ∂f et ∂f^* sont "inverses" l'un de l'autre :

$$(x, s) \in \text{graphe de } \partial f \ \Leftrightarrow \ (s, x) \in \text{graphe de } \partial f^*.$$

C'est le moment de revoir l'exemple qui a conduit à la Figure 4.1 : la fonction g n'y est autre que f^*.

- Si f est Gâteaux-différentiable en x, alors de deux choses l'une : soit $\partial f(x)$ est vide, soit $\partial f(x) = \{D_G f(x)\}$ (dans ce dernier cas, $\overline{\text{co}}\, f$ coïncide avec f en x, y est Gâteaux-différentiable et $D_G(\overline{\text{co}}\, f)(x) = D_G f(x)$).
- Si f est *convexe* et $x \in \text{dom}\, f$, la limite suivante existe pour tout $d \in E$,

$$f'(x, d) = \lim_{t \to 0^+} \frac{f(x + t\,d) - f(x)}{t} \quad (\in \mathbb{R} \cup \{-\infty, +\infty\})$$

$$\left(= \inf_{t > 0} \frac{f(x + t\,d) - f(x)}{t} \right), \qquad (4.46)$$

avec

$$s \in \partial f(x) \Leftrightarrow \langle s, d \rangle \leq f'(x, d) \text{ pour tout } d \in E. \qquad (4.47)$$

Cette limite $f'(x, d)$ s'appelle la *dérivée directionnelle* de f en x dans la direction d.

- Si f est *convexe* et *continue* en x ($\in$ dom f), alors $\partial f(x)$ est une partie convexe $\sigma(E^*, E)$-compacte *non vide* (de E^*). De plus, $f'(x, \cdot)$ est la fonction d'appui de $\partial f(x)$ (*cf.* page 89) :

$$f'(x, d) = \sup_{s \in \partial f(x)} \langle s, d \rangle \text{ pour tout } d \in E. \tag{4.48}$$

- La multiapplication $\partial f : E \rightrightarrows E^*$ est *monotone* (croissante), c'est-à-dire vérifie[1] :

$$\Big(s_1 \in \partial f(x_1) \text{ et } s_2 \in \partial f(x_2)\Big) \Rightarrow \Big(\langle s_1 - s_2, x_1 - x_2 \rangle \geq 0\Big). \tag{4.49}$$

Cela résulte immédiatement de l'inégalité (4.35) écrite avec $x = x_1$ et $y = x_2$, puis avec $x = x_2$ et $y = x_1$. En fait, on a mieux, ce que nous explicitons succinctement pour $f \in \Gamma_0(\mathbb{R}^n)$.

Soit $x_1, \ldots, x_k$ k points, $s_1, \ldots, s_k$ k sous-gradients de f, avec $s_i \in \partial f(x_i)$ pour tout $i = 1, \ldots, k$. Alors, l'inégalité qui suit vient facilement de (4.49) :

$$\sum_{i=1}^{k} \langle s_i, x_{i+1} - x_i \rangle \leq 0, \tag{4.50}$$

en convenant que $x_{k+1} = x_1$ (on reboucle sur le point de départ, en un "cycle" $x_1, \cdots, x_k$). On dit que la multiapplication ∂f est *cycliquement monotone*.

Fig. 4.2

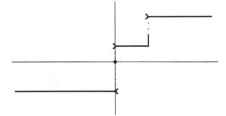

La multiapplication dont le graphe est représenté à la Figure 4.2 est cycliquement monotone. Mais on peut la "compléter", *i.e.*, "remplir les sauts", pour en faire le graphe d'un sous-différentiel.

---

[1] Lorsque l'inégalité est dans l'autre sens, $\langle s_1 - s_2, x_1 - x_2 \rangle \leq 0$, on parle de multiapplication monotone décroissante ou, plutôt, *dissipative*.

La multiapplication ∂f se trouve être *maximale*, au sens suivant : son graphe ne peut être strictement contenu dans le graphe d'une autre multiapplication monotone. Plus intéressante est la réciproque, et donc la caractérisation que voici, due à R.T. Rockafellar (*cf.* [R]) : *une multiapplication* $G : \mathbb{R}^n \rightrightarrows \mathbb{R}^n$ *est le graphe du sous-différentiel d'une fonction* $f \in \Gamma_0(\mathbb{R}^n)$ *si, et seulement si, elle est cycliquement monotone et maximale.*

- Lorsque $f \in \Gamma_0(\mathbb{R}^n)$, le graphe de $\partial f : \mathbb{R}^n \rightrightarrows \mathbb{R}^n$ est véritablement "une pelure d'oignon". Ce que nous allons préciser s'applique notamment aux gradients $\nabla f : \mathbb{R}^n \to \mathbb{R}^n$ de fonctions convexes différentiables.

Non seulement $\partial f(x)$ est réduit à un singleton pour presque tout x (en tous les x où f est différentiable), mais ∂f jouit d'une "différentiabilité" presque partout.

Nous disons que ∂f est différentiable en x_0 si f est différentiable en x_0 et s'il existe une $A \in \mathcal{M}_n(\mathbb{R})$ telle que

$$\|\partial f(x) - \nabla f(x_0) - A(x - x_0)\| = o\left(\|x - x_0\|\right), \qquad (4.51)$$

c'est-à-dire :

$$\forall \eta > 0, \ \exists \delta > 0 \text{ tel que}$$
$$\forall x \text{ vérifiant } \|x - x_0\| \le \delta, \forall s \in \partial f(x), \text{ on ait}$$
$$\|s - \nabla f(x_0) - A(x - x_0)\| \le \eta \|x - x_0\|.$$

D'ailleurs, A se trouve être alors symétrique semidéfinie positive. Le résultat suivant, dû à F. Mignot (1976), précise ce que nous annoncions :

La multiapplication ∂f est différentiable presque partout. (4.52)

D'un point de vue géométrique, le graphe de ∂f peut être vu, au voisinage de chacun de ses points, comme le graphe d'une fonction lipschitzienne.

4.3 *Quelques règles de calcul typiques*

Comme pour les règles de calcul basiques concernant les transformées de Legendre-Fenchel (*cf.* 3.5), nous supposons que les fonctions ingrédients de base sont convexes s.c.i. et non identiquement égales à $+\infty$, même si ça n'est pas toujours impératif pour la validité de la règle de calcul.

- **Addition**

$$(\mathcal{S}_1) \qquad \partial(f + g)(x) = \partial f(x) + \partial g(x) \qquad (4.53)$$

... pas tout à fait. Pour assurer (4.53), il faut une condition liant f et g. Nous donnons ici un exemple de telle condition : *il existe un point $\tilde{x}$ en lequel f et g sont finies et f est continue.*

Attention (piège dans lequel pourrait tomber un lecteur-étudiant) ! Ce n'est pas en ce point $\tilde{x}$ que la règle de calcul (4.53) est (seulement) valable mais bien en *tout* point x (où f et g sont toutes les deux finies, car ailleurs la formule (4.53) est sans intérêt).

Ainsi, si $f \in \Gamma_0(E)$ est finie et continue en un point du convexe fermé C de E,

$$\partial(f + i_C)(x) = \partial f(x) + \partial(i_C)(x) \tag{4.54}$$
$$= \partial f(x) + N(C, x) \text{ en tout point } x \in C \cap \operatorname{dom} f.$$

- **Post-composition par une application linéaire continue**

Considérons la situation suivante :

$$
\begin{array}{lll}
E \xrightarrow{\ A\ } F & & g(x) := f(Ax),\ x \in E \\
& \Big\downarrow f & A \in \mathscr{L}(E, F)\ [\text{et donc } A^* \in \mathscr{L}(F^*, E^*)] \\
g = f \circ A \searrow & & f \in \Gamma_0(F) \\
\quad \mathbb{R} \cup \{+\infty\} & &
\end{array}
$$

Alors :

$$(\mathcal{S}_2) \qquad \partial(f \circ A)(x) = A^*(\partial f(Ax)) \tag{4.55}$$

... pas tout à fait. Pour assurer (4.55), il faut une condition liant f et A. Il y en a une multitude, en voici une : *il existe un point $\tilde{y} \in \operatorname{Im} A$ en lequel f est finie et continue.* Moyennant quoi la formule (4.55) est valide pour tout $x \in E$.

La formule (4.55) était attendue car c'est celle connue dans le calcul différentiel usuel. En voici deux autres, plus spécifiques au contexte dans lequel nous évoluons dans ce chapitre.

- **Inf-convolution**

Soit $x \in E$. On suppose que l'inf-convolution de f et g est exacte en x, c'est-à-dire qu'il existe $\bar{x}_1$ et $\bar{x}_2$ dans E, de somme x, tels que $(f \,\square\, g)(x) = f(\bar{x}_1) + g(\bar{x}_2)$. Alors,

$$(\mathcal{S}_3) \qquad \partial(f \,\square\, g)(x) = \partial f(\bar{x}_1) \cap \partial g(\bar{x}_2). \tag{4.56}$$

Faisons-en la démonstration, car elle est typique de ce qu'on peut faire en pareille situation.

D'après la caractérisation (4.39),

$$s \in \partial(f \,\square\, g)(x) \Leftrightarrow (f \,\square\, g)^*(s) + (f \,\square\, g)(x) - \langle s, x \rangle = 0. \tag{4.57}$$

Or, $(f \,\square\, g)^*(s) = f^*(s) + g^*(s)$ (voir $(\mathcal{R}_1)$ dans § 3.5) et $(f \,\square\, g)(x) = f(\bar{x}_1) + g(\bar{x}_2)$. En découplant $\langle s, x \rangle$ en $\langle s, \bar{x}_1 \rangle + \langle s, \bar{x}_2 \rangle$, la relation dans le membre de droite de (4.57) s'écrit

$$\left[f^*(s) + f(\bar{x}_1) - \langle s, \bar{x}_1 \rangle\right] + \left[g^*(s) + g(\bar{x}_2) - \langle s, \bar{x}_2 \rangle\right] = 0. \qquad (4.58)$$

Chacune des deux expressions entre crochets est ≥ 0 (c'est l'inégalité (4.30) de Fenchel); donc l'égalité de (4.58) ne peut se produire que si, et seulement si, on a simultanément

$$f^*(s) + f(\bar{x}_1) - \langle s, \bar{x}_1 \rangle = 0$$
$$\text{et } g^*(s) + g(\bar{x}_2) - \langle s, \bar{x}_2 \rangle = 0.$$

Et, faisant appel à nouveau à la caractérisation (4.39), ce qui est au-dessus dit exactement que $s \in \partial f(\bar{x}_1)$ et $s \in \partial g(\bar{x}_2)$.

Revenons rapidement sur le deuxième exemple de la page 93 (résistances généralisées mises en parallèle). La "relation à l'optimum" (4.21) n'est autre que

$$\nabla p\,(I) = \nabla p\,(\bar{I}_1) = \nabla p\,(\bar{I}_2),$$

illustration de la règle $(\mathcal{S}_3)$.

Une autre conséquence de la règle $(\mathcal{S}_3)$ est que si g est (convexe et) différentiable, c'est-à-dire si $\partial g(\bar{x}_2) = \{Dg(\bar{x}_2)\}$, alors la convolée de f (convexe) avec g se trouve être (convexe et) différentiable. C'est justement cet effet régularisant par convolution avec la fonction (convexe) différentiable $\frac{r}{2}\,\|\cdot\|^2$ qu'on utilise dans l'approximation-régularisation de Moreau-Yosida (voir Problème en fin de chapitre).

• Passage au supremum

Pouvoir exprimer $\partial(\sup_{i \in I} f_i)(x)$ en fonction de $\partial f_i(x)$ est un problème difficile, auquel ont contribué beaucoup d'auteurs. Les difficultés viennent du fait que I peut être un ensemble infini d'indices, que les f_i peuvent prendre la valeur $+\infty$, et qu'il faut contrôler la dépendance de $f_i(x)$ comme fonction de i. Nous énonçons ici un seul résultat, dans un contexte simplifié certes, mais illustrant bien la construction du sous-différentiel dans le passage au sup d'une famille de fonctions convexes.

Soit $f_1, \ldots, f_k : E \to \mathbb{R}$ des fonctions convexes continues sur E, soit $f := \max(f_1, \ldots, f_k)$. Alors,

$$(\mathcal{S}_4) \qquad \partial f(x) = \text{co}\,\{\partial f_i(x) \mid i \in I(x)\}, \qquad (4.59)$$

où $I(x) = \{i \mid f_i(x) = f(x)\}$. Bref, on collecte et on convexifie l'ensemble des sous-différentiels $\partial f_i(x)$, "là où ça se touche en x" (lorsque $f_i(x) = f(x)$).

Les règles de calcul sur la somme et sur le sup d'une famille de fonctions (convexes) sont assurément les plus importantes.

4.4 Sur le besoin d'un agrandissement de ∂f

La Définition 4.4 de $\partial f(x)$ apparaît parfois trop contraignante, aussi bien dans des considérations théoriques qu'algorithmiques. On est amené à proposer un agrandissement de ∂f "par viscosité".

Définition 4.5 Soit $f \in \Gamma_0(E)$, x un point en lequel f est finie, et $\varepsilon > 0$. On dit que s est un ε-sous-gradient de f en x lorsque

$$f(y) \geq f(x) + \langle s, y - x \rangle - \varepsilon \text{ pour tout } y \in E. \qquad (4.60)$$

L'ensemble des ε-sous-gradients de f en x est appelé l'ε-sous-différentiel de f en x et est noté $\partial_\varepsilon f(x)$.

Avoir juste modifié la définition de $\partial f(x)$ par une perturbation par $\varepsilon > 0$ a eu un effet "robustifiant" ; $\partial_\varepsilon f(x)$ est par exemple une notion plus globale que $\partial f(x)$ (il suffit de connaître $f \in \Gamma_0(E)$ dans un voisinage de x pour accéder à $\partial f(x)$, alors que ce n'est pas le cas pour $\partial_\varepsilon f(x)$).

Une illustration est proposée en exercice (des conditions d'optimalité globale dans un problème d'optimisation non convexe).

Dans un contexte algorithmique, ce à quoi on a accès après calculs (*via* une boîte noire) en x_k est l'évaluation de f en x_k et *un* sous-gradient ou ε_k-sous-gradient de f en x_k. Après, il faut faire avec...

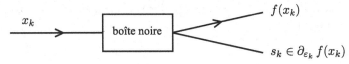

Ces aspects sont traités, entre autres, dans le Vol. 2 de [HUL].

5 Un exemple d'utilisation du sous-différentiel : les conditions nécessaires et suffisantes d'optimalité dans un problème d'optimisation convexe avec contraintes

Considérons le problème de minimisation convexe avec contraintes suivant :

$$(\mathscr{P}) \begin{cases} \text{Minimiser } f(x) \\ x \in C, \end{cases}$$

où $f \in \Gamma_0(E)$ et C est une partie convexe fermée de E. La seule hypothèse que nous allons faire est : il existe $\tilde{x} \in C$ en lequel f est finie et continue. Cela permet d'utiliser la règle de calcul décrite en (4.54) et d'obtenir facilement le théorème que voici.

Théorème 4.6 Les assertions suivantes, relatives à $\bar{x} \in C$, sont équivalentes :

(i) $\bar{x}$ est un minimiseur (global) de f sur C.

(ii) $\bar{x}$ est un minimiseur local de f sur C.

(iii) L' opposé du sous-différentiel et le cône normal s'intersectent en $\bar{x}$:

$$- \partial f(\bar{x}) \cap N(C, \bar{x}) \neq \emptyset. \qquad (4.61)$$

La situation eût été bien différente si on s'était intéressé au problème de la *maximisation* de la fonction $f : E \to \mathbb{R}$ (supposée convexe continue sur E) sur le convexe fermé C. Là, une condition nécessaire d'optimalité locale, parallèle à celle de (4.61), est

$$\partial f(\bar{x}) \subset N(C, \bar{x}), \qquad (4.62)$$

mais on est loin, et bien loin, d'une caractérisation de $\bar{x}$ maximiseur (global) de f sur C !

Le problème d'optimisation ($\mathscr{P}$) sera repris, dans un contexte non convexe cette fois, au § 1.3 du Chapitre 6.

> Retenons de ce chapitre les deux objets essentiels que sont f^* et ∂f.

Exercices

Exercice 1 (Fonctions de valeurs propres)

1) Soit $M(x) = \begin{bmatrix} x & 0 \\ 0 & -x \end{bmatrix}$, $x \in \mathbb{R}$. On pose

$$f(x) := \text{ la plus grande valeur propre de } M(x). \qquad (4.63)$$

Calculer $f(x)$ et analyser sa non-différentiabilité (en x) à la lumière des valeurs propres de $M(x)$.

2) Soit $x \in \mathbb{R}^d \mapsto M(x) = \left[a_{ij}(x) \right] \in \mathscr{S}_n(\mathbb{R})$, où les a_{ij} sont toutes des fonctions affines de x. On définit $f(x)$ comme en (4.63).

   a) Montrer que f est convexe.

   b) Comment calculer le sous-différentiel de f en x ?

Exercice 2 Soit $(H, \langle \cdot, \cdot \rangle)$ un espace de Hilbert, soit S une partie fermée non vide de H, soit $\varphi_S : H \to \mathbb{R}$ la fonction convexe continue sur H définie par $\varphi_S(x) = \frac{1}{2} \left[\|x\|^2 - d_S^2(x) \right]$.

Calculer la transformée de Legendre-Fenchel φ_S^* de φ_S.

Exercice 3 Soit $H = \mathscr{S}_n(\mathbb{R})$ structuré en espace euclidien grâce au produit scalaire $\ll U, V \gg := \mathrm{tr}(UV)$. Soit K le cône convexe fermé des matrices de $\mathscr{S}_n(\mathbb{R})$ qui sont semidéfinies positives.

a) Rappeler ce qu'est le cône polaire K° de K.

b) Soit A une matrice semidéfinie positive ($A \in K$). Montrer

$$N_K(A) = \{M \text{ semidéfinie négative} \mid MA = 0\} \qquad (4.64)$$
$$= \{M \text{ semidéfinie négative} \mid \mathrm{Im}\, A \subset \mathrm{Ker}\, M\}.$$

Autrement dit (dans (4.64)) : la condition $\mathrm{tr}(AM) = 0$ équivaut à la nullité du produit matriciel AM.

Hint. Un petit dessin dans le plan ou dans l'espace peut aider à soutenir l'intuition et guider les démonstrations.

Exercice 4 (Conditions d'optimalité globale) ([HU3])

Soit $f : E \to \mathbb{R} \cup \{+\infty\}$ de la forme suivante :

$$f = g - h, \text{ avec } g \in \Gamma_0(E) \text{ et } h : E \to \mathbb{R} \text{ convexe continue sur } E.$$

On considère le problème de la minimisation globale de f sur E.

1) Montrer que $\bar{x}$ est un minimiseur global de f sur E si, et seulement si,

$$\partial_\varepsilon h(\bar{x}) \subset \partial_\varepsilon g(\bar{x}) \text{ pour tout } \varepsilon > 0. \qquad (4.65)$$

2) On considère le problème de la maximisation de la fonction convexe continue $h : E \to \mathbb{R}$ sur un convexe fermé C de E.

a) Reformuler le problème ci-dessus comme celui de la minimisation sur E d'une fonction $f = g - h$, avec $g \in \Gamma_0(E)$ qu'il s'agit de déterminer.

b) En déduire que $\bar{x} \in C$ est un maximiseur global de h sur C si, et seulement si,

$$\partial_\varepsilon h(\bar{x}) \subset N_\varepsilon(C, \bar{x}) \text{ pour tout } \varepsilon > 0, \qquad (4.66)$$

où

$$N_\varepsilon(C, \bar{x}) := \{ d \in E^* \mid \langle d, y - \bar{x} \rangle \leq \varepsilon \text{ pour tout } y \in C \}$$

(Attention ! $N_\varepsilon(C, \bar{x})$ n'est plus un cône ; c'est un "agrandissement par viscosité" du cône normal $N(C, \bar{x})$).

Exercice 5 (Utilisation du principe variationnel d'Ekeland)

Soit $(E, \|\cdot\|)$ un espace de Banach et $f \in \Gamma_0(E)$. On désigne par $\partial_\varepsilon f(x)$ l'ε-sous-différentiel de f en x (cf. § 4.4).

1) a) Exprimer $\partial_\varepsilon f(x)$ à l'aide de la transformée de Legendre-Fenchel f^* de f.

   b) Sachant que $-f(x) = -f^{**}(x) = \inf\limits_{s \in X^*} (f^*(s) - \langle s, x \rangle)$, montrer que l'$\varepsilon$-sous-différentiel est non vide dès que $\varepsilon > 0$.

2) Soient fixés $x_0 \in \text{dom } f$, $\varepsilon > 0$ et $s_0 \in \partial_\varepsilon f(x_0)$. Montrer qu'il existe $x_\varepsilon \in \text{dom } f$, $s_\varepsilon \in \partial f(x_\varepsilon)$ (du coup non vide) tels que :

$$\text{(i)} \quad \|x_\varepsilon - x_0\| \leq \sqrt{\varepsilon} \ ;$$
$$\text{(ii)} \quad \|s_\varepsilon - s_0\|_* \leq \sqrt{\varepsilon}.$$

Méthodologie préconisée :
   – Appliquer le principe variationnel d'Ekeland à la fonction $g(x) := f(x) - \langle s_0, x \rangle$ avec des seuils appropriés (justifier l'applicabilité de ce principe dans le contexte présenté).
   – Appliquer ensuite la règle de calcul du sous-différentiel de la somme de fonctions convexes à une somme *ad hoc* (justifier l'applicabilité de cette règle).

3) Déduire de ce qui précède le résultat d'approximation-densité suivant : Pour tout $x \in \text{dom } f$, il existe une suite (x_n) de dom f telle que

$$\begin{aligned} &\partial f(x_n) \neq \emptyset \text{ pour tout } n, \\ &x_n \to x \text{ quand } n \to +\infty. \end{aligned} \tag{4.67}$$

On aura ainsi démontré que $\{x \in X \mid \partial f(x) \neq \emptyset\}$ est dense dans dom f.

4) Application à un théorème d'existence.
   On prend (pour simplifier) $X = \mathbb{R}^n$. On suppose que f est bornée inférieurement sur $\mathbb{R}^n$ et que $\mathcal{R}(\partial f) = \bigcup\limits_{x \in \mathbb{R}^n} \partial f(x)$ est un fermé (de $\mathbb{R}^n$).
   Montrer qu'il existe alors des points $\bar{x}$ minimisant f sur $\mathbb{R}^n$.
   Hint. Appliquer à f^* le résultat de densité précédemment démontré, après avoir observé que $\mathcal{R}(\partial f) = \{s \in \mathbb{R}^n \mid \partial f^*(s) \neq \emptyset\}$.

Exercice 6 (Problème : Approximation de Moreau-Yosida)

Soit $(H, \langle \cdot, \cdot \rangle)$ un espace de Hilbert et $f : E \to \mathbb{R} \cup \{+\infty\}$ une fonction convexe, s.c.i., finie en au moins un point. Pour tout $r > 0$, on considère la fonction f_r définie sur H par :

$$\forall x \in H, \quad f_r(x) := \inf_{u \in H} \left[f(u) + \frac{r}{2} \|x - u\|^2 \right]. \tag{4.68}$$

1) a) Vérifier que la fonction $u \in H \mapsto f(u) + \frac{r}{2} \|x - u\|^2$ est s.c.i. sur H et tend vers $+\infty$ quand $\|u\| \to +\infty$.

   En déduire que l'infimum est atteint dans la défintion (4.68) de $f_r(x)$. Montrer que cet infimum est atteint en un point unique de H, point que l'on notera x_r dans toute la suite.

   b) Écrire f_r sous la forme d'un inf-convolution de deux fonctions. Vérifier que cette inf-convolution est exacte (en tout $x \in H$).

   En déduire que f_r est différentiable au sens de Gâteaux en tout $x \in H$ et que :

$$\nabla f_r(x) = r(x - x_r), \tag{4.69}$$

$$r(x - x_r) \in \partial f(x_r). \tag{4.70}$$

   c) En écrivant les conditions d'optimalité pour le problème de minimisation définissant $f_r(x)$ dans (4.68), montrer que

$$I + \frac{1}{r} \partial f \text{ est une multiapplication surjective de } H \text{ dans } H \,;$$

$$\forall x \in H, \left(I + \frac{1}{r} \partial f \right)^{-1} (x) = x_r \tag{4.71}$$

   (I désigne ici l'application identité de H dans H).

2) *Exemples.* Déterminer $f_r(x)$ et x_r pour tout $x \in H$ dans les trois cas suivants :

   (a) f est une forme affine continue sur H, *i.e.*,

$$u \in H \mapsto f(u) = \langle x^*, u \rangle + \alpha \quad (\text{où } x^* \in H \text{ et } \alpha \in \mathbb{R}).$$

   (b) f est l'indicatrice i_C d'un convexe fermé non vide C de H.

   (c) $f : u \in H \mapsto f(u) = \frac{1}{2} \langle Au, u \rangle$, où $A : H \to H$ est un opérateur linéaire continu auto-adjoint ($A^* = A$).

(3) Montrer que x_r peut être caractérisé par l'une ou l'autre des conditions suivantes :

$$f(u) - f(x_r) + r \langle x_r - x, u - x_r \rangle \geq 0 \text{ pour tout } u \in H \text{ ; (4.72)}$$
$$f(u) - f(x_r) + r \langle u - x, u - x_r \rangle \geq 0 \text{ pour tout } u \in H.$$

Qu'expriment ces conditions dans le cas (b) de la question précédente ?

(4) a) Montrer que l'application $x \mapsto x_r$ est monotone (croissante) et lip-schitzienne de constante 1.

b) Montrer que l'application $x \mapsto \nabla f_r(x) = r(x - x_r)$ est lipschitzienne de constante $\frac{1}{r}$.

c) En utilisant l'inégalité

$$f_r(x) - f_r(y) \geq \langle \nabla f_r(y), x - y \rangle = r \langle y - y_r, x - y \rangle,$$

montrer

$$0 \leq f_r(y) - f_r(x) - r \langle x - x_r, y - x \rangle \leq r \|x - y\|^2. \quad (4.73)$$

En déduire que $r(x - x_r)$ est en fait le gradient de Fréchet de f_r en x.

5) a) On suppose que f est bornée inférieurement sur H. Indiquer pourquoi il en est de même de f_r.

b) Quelle est la conjuguée de la fonction $u \in H \mapsto \frac{r}{2} \|u\|^2$?
En déduire l'expression de la conjuguée f_r^* de f_r.
Comparer alors $\inf\limits_{x \in H} f(x)$ et $\inf\limits_{x \in H} f_r(x)$.

6) a) Montrer que pour tout $x \in H$

$$f(x_r) \leq f_r(x) \leq f(x). \quad (4.74)$$

b) Établir l'équivalence des assertions suivantes :

(i) x minimise f sur H ;
(ii) x minimise f_r sur H ;
(iii) $x = x_r$;
(iv) $f(x) = f(x_r)$;
(v) $f(x) = f_r(x)$.

7) L'objet de cette question est l'étude du comportement de $f(x_r)$ et x_r quand $r \to +\infty$.

a) Soit $x \in \text{dom } f$. Montrer que $x_r \to x$ (convergence forte) quand $r \to +\infty$.
En déduire que $\{x \in H \mid \partial f(x) \neq \emptyset\}$ est dense dans dom f.
En déduire aussi que $f_r(x) \to f(x)$ quand $r \to +\infty$.

b) On suppose que $f(x) = +\infty$, c'est-à-dire que $x \notin \operatorname{dom} f$. Montrer que $f_r(x) \to +\infty$ quand $r \to +\infty$.

   [**Indication.** On raisonnera par l'absurde en montrant que l'hypothèse $\sup\limits_{r>0} f_r(x) < +\infty$ conduit à une contradiction.]

8) *Un algorithme de minimisation de f*
   On suppose que $[f \leq r]$ est faiblement compact pour tout $r \in \mathbb{R}$.

   a) Montrer que f est bornée inférieurement sur H et qu'il existe $\bar{x} \in H$ tel que $f(\bar{x}) = \inf\limits_{x \in H} f(x)$.

   On pose $S := \left\{ x \in H \;\middle|\; f(x) = \inf\limits_{x \in H} f(x) \right\}$.

   b) Indiquer rapidement pourquoi, en plus de ne pas être vide, S est convexe, fermé et borné.

   c) On construit une suite (x_n) de H de la manière suivante :

   $$x_0 \in H;$$
   $$\forall n \geq 1, \; x_{n+1} = (I + \partial f)^{-1}(x_n),$$

   c'est-à-dire x_{n+1} est l'unique point minimisant $u \in H \mapsto f(u) + \frac{1}{2}\|x_n - u\|^2$ sur H.
   Montrer que la suite $(f(x_n))_n$ est décroissante.
   Montrer que la suite (x_n) est bornée et que $\lim\limits_{n \to +\infty} \|x_{n+1} - x_n\| = 0$.
   En déduire que $f(x_n) \to \inf\limits_{x \in H} f(x)$ quand $n \to +\infty$.

Exercice 7 (Théorème de décomposition de Moreau)
Soit $(H, \langle \cdot, \cdot \rangle)$ un espace de Hilbert.

1) *Théorème de décomposition (version directe)*
   Soit $\varphi \in \Gamma_0(H)$. Montrer que

   $$\varphi \,\square\, \frac{1}{2}\|\cdot\|^2 + \varphi^* \,\square\, \frac{1}{2}\|\cdot\|^2 = \frac{1}{2}\|\cdot\|^2. \tag{4.75}$$

   Qu'exprime ce résultat lorsque φ est l'indicatrice d'un cône convexe fermé K ?

2) *Théorème de décomposition (version réciproque)* (Plus difficile, [HU2])
   Soit g et h deux fonctions convexes sur H telles que

   $$g + h = \frac{1}{2}\|\cdot\|^2. \tag{4.76}$$

Montrer qu'il existe $\varphi \in \Gamma_0(H)$, unique à la conjugaison près (c'est-à-dire, si ce n'est pas φ, c'est φ^*), telle que

$$g = \varphi \,\square\, \frac{1}{2} \,\|\cdot\|^2 \text{ et } h = \varphi \,\square\, \frac{1}{2} \,\|\cdot\|^2 . \qquad (4.77)$$

Indications.
– Pour (4.75), on utilisera les conditions d'optimalité caractérisant la solution du problème d'optimisation définissant $(\varphi \,\square\, \frac{1}{2} \,\|\cdot\|^2)(x)$, puis celui définissant $(\varphi^* \,\square\, \frac{1}{2} \,\|\cdot\|^2)(x)$.
– Pour (4.77), on considérera φ, la "déconvolée de g par $\frac{1}{2} \,\|\cdot\|^2$", i.e., $\varphi(x) := \sup_{u \in H} \left[g(x + u) - \frac{1}{2} \,\|u\|^2 \right]$.

Exercice 8 (Un schéma de dualisation en optimisation convexe)
Soit E un espace de Banach, f et g sont deux fonctions de $\Gamma_0(E)$. On suppose qu'il existe un point en lequel f et g sont finies et f est continue.
On considère le problème de minimisation convexe suivant :

$$(\mathscr{P}) \begin{cases} \text{Minimiser } [f(x) + g(x)] \\ x \in E. \end{cases}$$

On désigne par α la valeur optimale dans $(\mathscr{P})$ (on suppose α finie).
1) Vérifier qu'avec les hypothèses faites,

$$(f + g)^* (0) = (f^* \,\square\, g^*)(0). \qquad (4.78)$$

2) En déduire que
$$\alpha = - (f^* \,\square\, g^*)(0). \qquad (4.79)$$

3) On considère le problème de maximisation concave suivant :

$$(\mathcal{D}) \begin{cases} \text{Maximiser } [-f^*(s) - g^*(-s)] \\ s \in E^*. \end{cases}$$

On désigne par β la valeur optimale dans $(\mathcal{D})$.
Déduire de ce qui précède :
$$\alpha = \beta. \qquad (4.80)$$

Références

[A] D. Azé. *Éléments d'analyse convexe.* Éditions Ellipses, Paris, 1997.

[ET] I. Ekeland and R. Temam. *Convex analysis and variational problems.* Reprinted by SIAM Publications, Classics in, Applied Mathematics, 28, 1999.

[HU1] J.-B. Hiriart-Urruty. "Lipschitz r-continuity of the approximate subdifferential of a convex function". *Math. Scan.* 47 (1980), p. 123–134.

[HUL] J.-B. Hiriart-Urruty and C. Lemaréchal. *Convex analysis and minimization algorithms.* Grundlehren der mathematischen Wissenschaften, Vol. 305 and 306, Springer Verlag, Berlin Heidelberg, 1993. Second printing in 1996.

[HU2] J.-B. Hiriart-Urruty and Ph. Plazanet. "Moreau's decomposition revisited". *Annales de l'Institut Henri Poincaré : Analyse non linéaire*, supplément au Vol. 6 (1989), p. 325–338.

[HU3] J.-B. Hiriart-Urruty. "From convex optimization to nonconvex optimization. Part I : Necessary and sufficient conditions for global optimality". *Nonsmooth optimization and related topics*, Ettore Majorana International Science Series, 43 (1989), Plenum Press, p. 219–239.

[HU4] J.-B. Hiriart-Urruty. "The deconvolution operation in convex analysis : an introduction". *Cybernetics and systems analysis*, 4 (1994), p. 97–104.

[R] R.T. Rockafellar. *Convex Analysis.* Princeton University Press, 1970.

[Z] C. Zalinescu. *Convex Analysis in General Vector Spaces.* World Scientific, Singapore, 2002.

[M] J.-J. Moreau. "Proximité et dualité dans un espace hilbertien". *Bull. Soc. Math. France*, 93 (1965), p. 273–299.

[CP] P. L. Combettes and J.-C. Pesquet. "Proximal thresholding algorithm for minimization over orthonormal bases". *SIAM J. Optimization* Vol. 18, 4 (2007), p. 1351–1376.

[AM] S. Artstein-Avidan and V. Milman. "The concept of duality in convex analysis, and the characterization of the Legendre transform". *Annals of Mathematics*, 169 (2009), p. 661–674.

Chapitre 5
QUELQUES SCHÉMAS DE DUALISATION DANS DES PROBLÈMES D'OPTIMISATION NON CONVEXES

> *"Dire que la plupart des fonctions sont non-convexes est semblable à dire que la plupart des animaux de la jungle sont des non-éléphants."* S. ULAM (1909-1984)
>
> *"In the occupation with mathematical problems, a more important role than generalization is played – I believe – by specialization."* K. POPPER (1984)

Quand on a à traiter d'un problème d'optimisation non convexe, mais qui a un peu de structure, il est possible de le "dualiser" d'une manière appropriée. Pour ce faire, on fait appel à des résultats et techniques qui, eux, sont du monde de l'optimisation convexe. Dans ce chapitre, nous présentons quelques schémas de dualisation de problèmes non convexes mais structurés. Il s'agit de constructions qui ont fait leurs preuves, et bien établies à présent.

Points d'appui / Prérequis :
- Techniques de l'Analyse convexe (Chapitre 4), notamment les règles de calcul sur la transformée de LEGENDRE- FENCHEL et le sous-différentiel.

Idée générale
Étant donné un problème d'optimisation ($\mathscr{P}$), on lui associe, par des méthodes de construction à définir, un autre problème d'optimisation ($\mathscr{D}$), qui sera appelé "dual" ou "adjoint" (ou encore autre appellation), possédant les caractéristiques suivantes :
- ($\mathscr{D}$) est *a priori* plus facile à traiter que le problème originel ($\mathscr{P}$).
- La résolution de ($\mathscr{D}$) (*i.e.* sa valeur optimale, ses solutions) aident à la résolution de ($\mathscr{P}$) (théoriquement comme numériquement).
- (Si possible) Il y a des règles de correspondance précises entre les solutions (ou autres éléments d'intérêt comme les points critiques) de ($\mathscr{P}$) et de ($\mathscr{D}$).

J.-B. Hiriart-Urruty, *Bases, outils et principes pour l'analyse variationnelle*, Mathématiques et Applications 70, DOI: 10.1007/978-3-642-30735-5_5, © Springer-Verlag Berlin Heidelberg 2012

Si l'on s'en tient à un problème ($\mathscr{P}$) général, la construction d'un problème dual ($\mathscr{D}$) peut répondre partiellement à ces questions, mais si l'on veut que les schémas de dualisation "fonctionnent" vraiment, il faut que ($\mathscr{P}$) ait au départ une certaine structure et que la dualisation soit adaptée à cette structure. Nous verrons cela dans au moins deux situations : le modèle "différence de fonctions convexes" et le modèle "convexe + quadratique". Mais avant cela, nous commençons par la forme la plus brutale pour s'attaquer à ($\mathscr{P}$) : sa convexification pure et simple.

1 Modèle 1 : la relaxation convexe

Le contexte de travail ici est le suivant :
E est un espace de Banach ; $f : E \to \mathbb{R} \cup \{+\infty\}$ est propre (c'est-à-dire non identiquement égale à $+\infty$), et bornée inférieurement par une fonction affine continue.
L'espace dual E^* est muni d'une topologie telle que le couplage (E, E^*) est bien en place pour faire opérer la transformation de Legendre-Fenchel. En particulier, la biconjuguée $f^{**}(= (f^*)^*)$ opérera sur E (et non sur E^{**}).

1.1 L'opération de "convexification fermée" d'une fonction

L'opération qui consiste à passer de f à ce qui s'appelle son enveloppe convexe fermée $\overline{\mathrm{co}}\, f : E \to \mathbb{R} \cup \{+\infty\}$ est bien compliquée mais en même temps fascinante. Il y a au moins deux moyens de construire $\overline{\mathrm{co}}\, f$:

- La "construction interne" : considérer toutes les combinaisons convexes d'éléments de epi f, de sorte que co (epi f) est construit, et ensuite fermer co (epi f) ; l'ensemble $\overline{\mathrm{co}}$ (epi f) se trouve être l'épigraphe d'une fonction, c'est précisément celle que nous dénommons $\overline{\mathrm{co}}\, f$.
- La "construction externe" : considérer toutes les fonctions affines continues a_f qui minorent f et prendre leur supremum ; alors $\overline{\mathrm{co}}\, f = \sup a_f$.

Le fait que nous obtenions exactement la même fonction, via la construction interne ou par le biais de la construction externe, est un des résultats-clés de l'Analyse convexe.

En termes de transformation de Legendre-Fenchel $f \rightsquigarrow f^*$, avec les hypothèses faites dans notre contexte de travail, nous avons $f^{**} = \overline{\mathrm{co}}\, f$. C'est donc indifféremment que les notations $\overline{\mathrm{co}}\, f$ et f^{**} seront utilisées, même si, ici, nous nous en tiendrons essentiellement à $\overline{\mathrm{co}}\, f$.

Attention (dans la construction interne) : co f n'est pas forcément un épi-graphe... c'est sa fermeture qui en est toujours un.

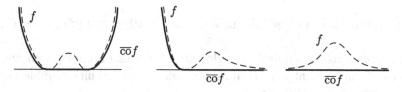

Fig. 5.1

Le troisième exemple dans la Figure 5.1 montre qu'on peut avoir $(\overline{\mathrm{co}}\, f)\,(x) <$ $f(x)$ pour tout $x \in E$. Historiquement, on peut penser que J.W. Gibbs (1839-1903) fut le premier "convexifieur de fonctions" (des énergies en Thermodynamique dans son cas) ; Gibbs était physicien, chimiste, mathématicien... un "phénomène" quoi.

L'opération de convexification fermée (ou convexification s.c.i.) $f \rightsquigarrow \overline{\mathrm{co}}\, f$ est un opération *globale*, dans le sens qu'elle requiert – *a priori* – la connaissance de f sur *tout* E. En particulier, le comportement de f "à l'infini", *i.e.* de $f(x)$ quand $\|x\| \to +\infty$, est de la première importance ; ceci est une des sources de difficultés dans la connaissance de $\overline{\mathrm{co}}\, f$.

1.2 La "relaxation convexe fermée" d'un problème d'optimisation $(\mathscr{P})$

Le problème d'optimisation général de départ est :

$$(\mathscr{P}) \begin{cases} \text{Minimser } f(x) \\ x \in E. \end{cases}$$

La version dite relaxée de $(\mathscr{P})$ est ici[1] :

$$(\hat{\mathscr{P}}) \begin{cases} \text{Minimser } (\overline{\mathrm{co}}\, f)\,(x) \\ x \in E. \end{cases}$$

Qu'a-t-on gagné, qu'a-t-on perdu en passant de $(\mathscr{P})$ à $(\hat{\mathscr{P}})$? ... mis à part le fait que $(\hat{\mathscr{P}})$ est un problème de minimisation convexe. Commençons par

---

[1] "Relaxation" signifie beaucoup de choses (différentes) en mathématiques... il va sans dire ici que c'est de la convexification fermée (ou s.c.i.) de la fonction-objectif de $(\mathscr{P})$ qu'il s'agit.

les valeurs optimales et les minimiseurs.

- Les *valeurs optimales*. Nous avons :

$$\inf_E f = \inf_E (\overline{\text{co}}\, f) \quad \left(\text{égalité dans } \mathbb{R} \cup \{+\infty\}\right). \tag{5.1}$$

Cela est simplement dû au fait que $\inf_E f = -f^*(0)$ et que $(\overline{\text{co}}\, f)^* = f^*$.

- Les *solutions* (ou minimiseurs globaux). En notant argmin g l'ensemble des $x \in E$ minimisant g sur E (il est possible que ce soit un ensemble vide), on démontre facilement que

$$\overline{\text{co}}\, (\text{argmin}\, f) \subset \text{argmin}\, (\overline{\text{co}}\, f). \tag{5.2}$$

Ceci est en fait un résultat assez faible... surtout si argmin $f = \emptyset$. Nous reviendrons sur ce point un peu plus bas, par l'intermédiaire des ε-solutions de $(\mathscr{P})$.

En jouant avec la relation $f^* = (\overline{\text{co}}\, f)^*$ et la règle de va-et-vient suivante pour g convexe s.c.i. : $x \in \partial g^*(x^*)$ si et seulement si $x^* \in \partial g(x)$, nous obtenons :

$$\left(\bar{x} \text{ minimise } f \text{ sur } E\right) \Leftrightarrow \left(f(\bar{x}) = (\overline{\text{co}}\, f)\, (\bar{x}) \text{ et } \bar{x} \in \partial f^*(0)\right), \tag{5.3}$$

une assertion pas toujours très informative. Il y a toutefois une situation où la règle de coïncidence $f(\bar{x}) = (\overline{\text{co}}\, f)\, (\bar{x})$, complétée par une autre propriété, peut servir à distinguer les minimiseurs globaux de f sur E des points critiques ou stationnaires de f. Nous présentons cette manière de faire dans un contexte un peu simplifié, celui où E est un espace de Hilbert. Nous désignons par $\nabla f(x)$ le gradient de f en x lorsque f est Gâteaux-différentiable en x.

Théorème 5.1 Soit $f : H \to \mathbb{R} \cup \{+\infty\}$ définie sur un espace de Hilbert H. On suppose que f est différentiable en $\bar{x}$. Alors :

$$\left(\bar{x} \text{ est un minimiseur global } de\ f \text{ sur } H\right) \Leftrightarrow \begin{pmatrix} \nabla f(\bar{x}) = 0 \text{ et} \\ f(\bar{x}) = (\overline{\text{co}}\, f)\, (\bar{x}) \end{pmatrix}. \tag{5.4}$$

<u>Démonstration.</u> Elle est aisée à partir de (5.3) et de l'observation suivante : si f est Gâteaux-différentiable en $\bar{x}$, alors soit $\partial f(\bar{x})$ est vide soit $\partial f(\bar{x}) = \{\nabla f(\bar{x})\}$. En un point critique $\bar{x}$ de f, on est précisément dans ce dernier cas, $\partial f(\bar{x}) = \{0\}$, d'où $\bar{x} \in \partial f^*(0)$.

Toutefois, pour le cas où ces subtilités ne sont pas connues du lecteur-étudiant, nous proposons une démonstration directe de l'équivalence (5.4).

[$\Rightarrow$] Si $\bar{x}$ est un minimiseur global de f sur H, alors $f(\bar{x}) = (\overline{\text{co}}\, f)\,(\bar{x})$ (il suffit de revoir (5.1) pour cela) et c'est évidemment un point critique de $f : \nabla f(\bar{x}) = 0$.

[$\Leftarrow$] Soit $\bar{x}$ un point de Gâteaux-différentiabilité de f en lequel $\nabla f(\bar{x}) = 0$ et $(\overline{\text{co}}\, f)\,(\bar{x}) = f(\bar{x})$. Nous utiliserons les arguments suivants : $\overline{\text{co}}\, f \leq f$ sur H ; $\overline{\text{co}}\, f$ est une fonction convexe s.c.i. sur H ; $\nabla g(\bar{x}) = 0$ est une condition (nécessaire et) suffisante de minimalité globale pour une fonction convexe g (Gâteaux-différentiable en $\bar{x}$). Allons-y :

$$\forall d \in H, \frac{f(\bar{x} + td) - f(\bar{x})}{t} \to \langle \nabla f(\bar{x}), d\rangle \text{quand } t \to 0^+$$

$\big[$de par la Gâteaux-différentiabilité de f en $\bar{x}\big]$;

$$\forall d \in H, \frac{(\overline{\text{co}}\, f)\,(\bar{x} + td) - (\overline{\text{co}}\, f)\,(\bar{x})}{t} \to (\overline{\text{co}}\, f)'\,(\bar{x}, d) \text{ quand } t \to 0^+$$

$\big[$de par l'existence de la dérivée directionnelle de $\overline{\text{co}}\, f$ en $\bar{x}\big]$;

$$\forall d \in H, \frac{(\overline{\text{co}}\, f)\,(\bar{x} + td) - (\overline{\text{co}}\, f)\,(\bar{x})}{t} \leq \frac{f(\bar{x} + t\, d) - f(\bar{x})}{t}$$

$\big[$puisque $\overline{\text{co}}\, f \leq f$ sur H et $(\overline{\text{co}}\, f)\,(\bar{x}) = f(\bar{x})\big]$.

En conséquence,

$$\forall d \in H, \ (\overline{\text{co}}\, f)'(\bar{x}, d) \leq \langle \nabla f(\bar{x}), d\rangle. \tag{5.5}$$

La fonction $(\overline{\text{co}}\, f)'(\bar{x}, \cdot)$ est convexe et positivement homogène ; elle est majorée par la forme linéaire continue $\langle \nabla f(\bar{x}), \cdot\rangle$, et coïncide avec elle en $d = 0$. La seule possibilité pour qu'il en soit ainsi est que $(\overline{\text{co}}\, f)'(\bar{x}, \cdot) = \langle \nabla f(\bar{x}), \cdot\rangle$ (on est d'accord ?), c'est-à-dire que $\overline{\text{co}}\, f$ est Gâteaux-différentiable en $\bar{x}$ et :

$$\nabla(\overline{\text{co}}\, f)(\bar{x}) = \nabla f(\bar{x}) = 0.$$

Ainsi, $\bar{x}$ est un minimiseur de $\overline{\text{co}}\, f$ sur H. Par suite,

$$\forall x \in H, \ (\overline{\text{co}}\, f)(\bar{x}) \leq (\overline{\text{co}}\, f)(x) \leq f(x), \text{ où } (\overline{\text{co}}\, f)(\bar{x}) = f(\bar{x}).$$

On a bien démontré que $\bar{x}$ est un minimiseur global de f sur H. $\square$

Observations

- La condition exprimant que $\bar{x}$ est un minimiseur global de f comprend deux parties : la condition (attendue) de point critique de f ($\nabla f(\bar{x}) = 0$) qui est locale (ou infinitésimale) et une condition *globalisante* $(\overline{\mathrm{co}}\, f)(\bar{x}) = f(\bar{x})$. Il est remarquable que la conjonction de ces deux conditions filtre vraiment tous les minimiseurs locaux (ou points critiques) de f pour n'en garder que les minimiseurs globaux.

- Le résultat du Théorème 5.1 peut être utilisé sous la forme "négative" suivante : Si $\bar{x}$ est un point critique de f (*i.e.* si $\nabla f(\bar{x}) = 0$) et si l'on constate que $(\overline{\mathrm{co}}\, f)(\bar{x}) < f(\bar{x})$, alors $\bar{x}$ ne saurait être un minimiseur *global* de f sur H (*cf.* la Figure 5.2 par exemple).

- Le Théorème 5.1 appartient bien au royaume de l'Optimisation différentiable. En effet, si on substitue la condition "$\bar{x}$ est un mimiseur local de f" (lorsque f n'est pas différentiable en $\bar{x}$) à la condition "$\nabla f(\bar{x}) = 0$", l'équivalence (5.4) n'est plus vraie. Cela signifie aussi que toute généralisation de la forme "$0 \in \partial^g f(\bar{x})$", où $\partial^g f$ est votre sous-différentiel généralisé favori (*cf.* Chapitre 6), à la place de "$\nabla f(\bar{x}) = 0$" ne marchera pas non plus. Assez surprenant...

Passons en revue d'autres aspects de $\overline{\mathrm{co}}\, f$ utiles pour la résolution du problème relaxé $(\hat{\mathscr{P}})$.

- Propriété de *continuité*. Même si f est la restriction d'une fonction $\mathscr{C}^\infty$ sur un convexe compact C de $\mathbb{R}^n$ (et vaut $+\infty$ à l'extérieur de C), la fonction convexe $\overline{\mathrm{co}}\, f$ est certes continue sur *int* C mais peut présenter des discontinuités en des points frontières de C.

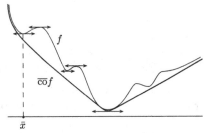 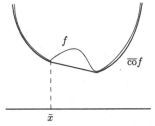

$\bar{x}$ est un point critique de f, non $\bar{x}$ est un minimiseur local de f,
minimiseur global de f : il y a forcément $(\overline{\mathrm{co}}f)(\bar{x}) = f(\bar{x})$, pourtant $\bar{x}$ n'est pas
un décollement $(\overline{\mathrm{co}}f)(\bar{x}) < f(\bar{x})$.   un minimiseur global de f.

Fig. 5.2

- Propriété de *différentiabilité*. Si $f : \mathbb{R} \to \mathbb{R}$ est différentiable sur $\mathbb{R}$, alors il en est de même de $\overline{\mathrm{co}}\, f$ (même s'il y a décollement partout, $(\overline{\mathrm{co}}\, f)(x) < f(x)$ pour tout $x \in \mathbb{R}$). Mais ceci est spécifique aux fonctions de la variable réelle. Il existe en effet des fonctions f :

$\mathbb{R}^2 \to \mathbb{R}$ qui sont $\mathscr{C}^\infty$ sur $\mathbb{R}^2$ mais pour lesquelles $\overline{\mathrm{co}}\, f$ n'est pas partout différentiable sur $\mathbb{R}^2$. Une condition suffisante pour qu'il en soit ainsi est, par exemple, que dom f^* ne soit pas d'intérieur vide (voir [BHU] si l'on veut en savoir plus dans cette direction).

- Propriété de *comportement à l'infini*. La propriété suivante est tirée de [B] :

$$\liminf_{\|x\| \to +\infty} \frac{f(x) - (\overline{\mathrm{co}}\, f)(x)}{\|x\|} = 0. \tag{5.6}$$

Attention ! En dépit de (5.6) qui tend à faire penser que "$\overline{\mathrm{co}}\, f$ finit par se comporter comme f à l'infini", l'écart entre $f(x)$ et $(\overline{\mathrm{co}}\, f)(x)$ peut devenir de plus en plus grand. Par exemple, si $f : x \in \mathbb{R} \mapsto f(x) = \sqrt{|x|}$, $\overline{\mathrm{co}}\, f$ se trouve être identiquement égale à 0.

- Vers le *calcul numérique effectif de* $\overline{\mathrm{co}}\, f$. Une bonne partie de ces techniques de calcul consiste à considérer f sur une partie bornée de $\mathbb{R}^n$ (sur une grille de points même) et à calculer $\overline{\mathrm{co}}\, f$ en la pensant comme f^{**}, et donc à utiliser les méthodes numériques spécifiques du calcul de f^* à partir de f. Pour tout cela, nous renvoyons au récent article-revue de Lucet [L].

Nous terminons cette section en évoquant comment la relation (5.2) entre les solutions de $(\mathscr{P})$ et celles de $(\hat{\mathscr{P}})$ pourrait être améliorée. Un premier résultat dans ce sens, facile à démontrer, est le suivant :
Soit $f : \mathbb{R}^n \to \mathbb{R} \cup \{+\infty\}$, s.c.i. et bornée inférieurement sur $\mathbb{R}^n$. On suppose que $\overline{\mathrm{co}}\, f$ est 0-coercive sur $\mathbb{R}^n$ (*i.e.*, $\overline{\mathrm{co}}\, f(x) \to +\infty$ quand $\|x\| \to +\infty$). Alors :

$$\mathrm{argmin}\,(\overline{\mathrm{co}}\, f) = \mathrm{co}\,(\mathrm{argmin}\, f). \tag{5.7}$$

La propriété de 0-coercivité requise est bien sur $\overline{\mathrm{co}}\, f$ et non sur f (penser à nouveau à la fonction $x \mapsto f(x) = \sqrt{|x|}$). Les limitations du résultat au-dessus sont les deux hypothèses restrictives : d'une part la 0-coercivité de $\overline{\mathrm{co}}\, f$ et, d'autre part et surtout, la dimension finie de l'espace de travail $\mathbb{R}^n$. Dans un contexte de dimension infinie, lequel est incontournable en Analyse et calcul variationnels, une autre piste consiste à considérer les solutions approchées, disons à $\varepsilon > 0$ près, du problème $(\mathscr{P})$:

$$\varepsilon - \mathrm{argmin}\, f := \left\{ x \in E \mid f(x) \leq \inf_E f + \varepsilon \right\}.$$

Un exemple de résultat permettant d'obtenir les solutions de $(\hat{\mathscr{P}})$ à partir des solutions approchées de $(\mathscr{P})$, tiré de [HULV], est comme suit :

Soit $f : E \to \mathbb{R} \cup \{+\infty\}$, où E est un espace de Banach réflexif et f une fonction satisfaisant la propriété suivante :

Il existe $\alpha > 0$ et $r \in \mathbb{R}$ tels que

$$f(x) \geq \alpha \|x\| - r \text{ pour tout} x \in E.$$

Alors :
$$\operatorname{argmin}(\overline{\operatorname{co}} f) = \bigcap_{\varepsilon > 0} \overline{\operatorname{co}}(\varepsilon - \operatorname{argmin} f). \tag{5.8}$$

Les difficultés apparaissant dans la convexification fermée (ou relaxation) d'une fonction-objectif dans un contexte de dimension infinie sont illustrées dans l'exemple suivant, un grand classique du domaine.

En Calcul variationnel, sous des hypothèses de travail sur lesquelles nous ne nous appesantissons pas, la forme relaxée (c'est-à-dire convexifiée fermée) d'une fonction comme $u \in E \mapsto f(u) := \int_{[a,b]} l(t, u(t), u'(t)) \, dt$ se trouve être $\int_{[a,b]} (\overline{\operatorname{co}} \, l)(t, u(t), u'(t)) \, dt$, où la convexification sous le signe intégrale se fait par rapport à la variable de vitesse, c'est-à-dire qu'on convexifie la fonction partielle $l(t, u, \cdot)$. Pour être plus précis, prenons pour E l'espace de Sobolev $H^1(0, 1)$ structuré en espace de Hilbert grâce au produit scalaire

$$(u|v) := \int_{[0,1]} \left[u(t)v(t) + u'(t)v'(t) \right] \, dt.$$

On considère alors la fonction

$$u \in E \mapsto f(u) := \int_{[0,1]} \left\{ |(u'(t))^2 - 1| + u(t)^2 \right\} \, dt. \tag{5.9}$$

Cette fonction f est continue et 1-coercive sur E (i.e., $\frac{f(u)}{\|u\|} \to +\infty$ quand $\|u\| \to +\infty$). Sa version relaxée $\overline{\operatorname{co}} \, f$ se trouve être :

$$u \in E \mapsto (\overline{\operatorname{co}} \, f)(u) = \int_{[0,1]} \left\{ \left[(u'(t))^2 - 1 \right]^+ + u(t)^2 \right\} \, dt.$$

En considérant des fonctions u_n "en dents de scie"

on voit qu'en l'expression (5.9) de $f(u_n)$, on élimine le terme $(u'_n(t))^2 - 1$, tandis que le terme $u_n(t)^2$ peut être rendu aussi petit que voulu. En clair, $\inf_E f = 0$. Mais pour autant il ne peut y avoir de $\bar{u} \in E$ tel que $f(\bar{u}) = 0$. Quant à la version relaxée $\overline{\operatorname{co}} \, f$ de f, elle n'a qu'un seul minimiseur, $\bar{u} \equiv 0$.

2 Modèle 2 : convexe + quadratique

Le problème d'optimisation non convexe considéré ici est de la forme suivante :

$$(\mathscr{P}) \begin{cases} \text{Minimiser } f(x) := g(x) + \frac{1}{2} \langle Ax, x \rangle \\ x \in H, \end{cases}$$

où $g : H \to \mathbb{R} \cup \{+\infty\}$ est une fonction convexe s.c.i. propre sur l'espacce de Hilbert H, $A : H \to H$ est un opérateur linéaire continu autoadjoint (*i.e.*, $A^* = A$). Un modèle plus général voudrait que A ne soit défini que sur un sous-espace vectoriel $D(A)$, de graphe fermé, ou que l'espace de travail soit un espace de Banach réflexif. Nous n'entrerons pas dans ces considérations, nous contentant d'exposer les idées et résultats de base. La manière de "dualiser" le problème structuré $(\mathscr{P})$ qui va être décrite est due aux travaux pionniers de Clarke, Ekeland, Lasry (*cf.* Références).

Comme la forme quadratique continue $q : x \in H \mapsto q(x) := \frac{1}{2} \langle Ax, x \rangle$ n'est pas supposée positive, elle n'est pas convexe ; toute la non-convexité de la fonction-objectif f de $(\mathscr{P})$ se trouve concentrée sur q.

Que devrait-être la définition d'un point critique (ou stationnaire) de f ? Même si on n'a aucune idée de ce que pourrait être un "sous-différentiel généralisé" de $f = g + q$, sachant qu'on dispose de l'outil "sous-différentiel de la fonction convexe g" et du gradient $\nabla q(x) = Ax$, il est naturel de penser à la définition suivante.

Définition 5.2 On dit que $\bar{x} \in H$ est un point critique (ou stationnaire) de f si $0 \in \partial g(\bar{x}) + A\bar{x}$, c'est-à-dire si

$$- A\bar{x} \in \partial g(\bar{x}). \tag{5.10}$$

Outre la justification présentée plus haut, le résultat facile ci-dessous conforte dans l'idée que la Définition 5.2 est cohérente.

Proposition 5.3

(i) Si $\bar{x}$ est un minimiseur local de f, alors il est point critique de f.

(ii) Si $\bar{x}$ est un maximiseur local de f, alors g est Gâteaux-différentiable en $\bar{x}$ et $0 = \nabla f(\bar{x}) = \nabla g(\bar{x}) + A\bar{x}$ ($\bar{x}$ est alors un point critique au sens usuel, pour les fonctions différentiables).

Démonstration. (i) Considérons $d \in H$ et $t > 0$. Puisque $\bar{x}$ est un minimiseur local de $f = g + q$,

$$g(\bar{x} + t\,d) + \frac{1}{2} \langle A(\bar{x} + t\,d), \bar{x} + t\,d \rangle - g(\bar{x}) - \frac{1}{2} \langle A\bar{x}, \bar{x} \rangle \geq 0$$

pour $t > 0$ assez petit.

Par suite,
$$\frac{g(\bar{x} + t\,d) - g(\bar{x})}{t} + \frac{1}{2}\,t\,\langle A\bar{x}, d\rangle + \langle A\bar{x}, d\rangle \geq 0 \qquad (5.11)$$

pour $t > 0$ assez petit. En passant à la limite $t \to 0$ au-dessus, on obtient :
$$\langle -A\bar{x}, d\rangle \leq g'(\bar{x}, d).$$

Cette inégalité étant vraie pour tout $d \in H$, on a bien que $-A\bar{x} \in \partial g(\bar{x})$.

(ii) Dans le cas où $\bar{x}$ est un maximiseur local de $f = g + q$, l'inégalité (5.11) est inversée, ce qui conduit à
$$g'(\bar{x}, d) \leq \langle -A\bar{x}, d\rangle.$$

La fonction convexe positivement homogène $g'(\bar{x}, \cdot)$ est majorée sur H par la forme linéaire continue $\langle -A\bar{x}, \cdot\rangle$ et coïncide avec elle en 0. La conséquence (raisonnement déjà vu) en est que $g'(\bar{x}, \cdot) = \langle -A\bar{x}, \cdot\rangle$. Ainsi, g est Gâteaux-différentiable en $\bar{x}$ et $\nabla g(\bar{x}) = -A\bar{x}$. $\square$

Lorsque $\bar{x}$ est un point critique de f, la valeur $f(\bar{x})$ est appelée *valeur critique* de f.

En l'absence de convexité de $f = g + q$, de 0-coercivité de f, l'objectif de l'existence d'un minimiseur (et donc d'un point critique) de f peut s'avérer hors d'atteinte. D'où l'idée qu'ont eue les auteurs cités plus haut de proposer un problème "dual" ou "adjoint" *ad hoc*. Le voici :

$$(\mathcal{P}^\circ) \begin{cases} \text{Maximiser } \hat{f}(y) := -\frac{1}{2}\,\langle Ay, y\rangle - g^*(-Ay) \\ y \in H. \end{cases}$$

$(\mathcal{P}^\circ)$ est à son tour un problème non convexe, avec toujours l'intervention de la forme quadratique $-q$, mais aussi de la transformée de Legendre-Fenchel de g. Ainsi, des propriétés (utiles à la minimisation) qui n'apparaissent pas dans g pourront-elles être éventuellement présentes dans g^*.

De manière aussi naturelle que pour la Définition 5.2, $\bar{y} \in H$ sera dit point critique de $\hat{f}$ lorsque
$$- A\bar{y} \in \partial(g^* \circ -A)(\bar{y}). \qquad (5.12)$$

Ici, $g^* \circ -A$ signifie la fonction composée $y \mapsto g^*(-Ay)$.

Le pendant de la Proposition 5.3 pour $\hat{f}$ est :

Proposition 5.4

(i) Si $\bar{y}$ est un maximiseur local de $\hat{f}$, alors il est point critique de $\hat{f}$.

(ii) Si $\bar{y}$ est un minimiseur local de $\hat{f}$, alors $g^* \circ -A$ est Gâteaux-différentiable en $\bar{y}$ et $0 = \nabla \hat{f}(\bar{y}) = \nabla(g^* \circ -A)(\bar{y}) + A\bar{y}$.

On sait que, de manière générale, $-A\, \partial g^*(-Ay) \subset \partial(g^* \circ -A)(y)$ (car $A^* = A$, ne l'oublions pas) et qu'il faut une certaine condition, dite de qualification, pour que l'égalité ait lieu. Parmi la multitude des conditions de qualification existantes, nous retenons la plus basique :

$$g^* \text{est finie et continue en un point de Im } A(= \text{Im } (-A)). \quad (\mathscr{C})$$

Nous supposons qu'il en est ainsi dans toute la suite du paragraphe.

Bien que les problèmes $(\mathscr{P})$ et $(\mathscr{P}^\circ)$ soient "orientés", $(\mathscr{P})$ vers la minimisation, $(\mathscr{P}^\circ)$ vers la maximisation, c'est en fait leur "extrémisation" ou "criticisation" qui compte. En effet, l'intérêt dans la construction de $(\mathscr{P}^\circ)$ tient aux relations existant entre les points (et valeurs) critiques de f et $\hat{f}$.

Théorème 5.5

(i) Tout point critique $\bar{x}$ de f est aussi point critique de $\hat{f}$.

(ii) Si $\bar{y}$ est un point critique de $\hat{f}$, alors il existe $\bar{z} \in \text{Ker } A$ tel que $\bar{x} := \bar{y} + \bar{z}$ soit point critique de f.

<u>Démonstration.</u> (i) Soit $\bar{x} \in H$ un point critique de f, c'est-à-dire vérifiant $-A\bar{x} \in \partial g(\bar{x})$. Par la règle de bascule qui permet de passer de ∂g à ∂g^*, il s'ensuit : $\bar{x} \in \partial g^*(-A\bar{x})$. Mais, comme cela a déjà été rappelé, on a toujours $-A\, \partial g^*(-Ax) \subset \partial(g^* \circ -A)(\bar{x})$. Par conséquent,

$$-A\bar{x} \in \partial(g^* \circ -A)(\bar{x}),$$

ce qui (*cf.* (5.12) assure bien que $\bar{x}$ est un point critique de $\hat{f}$.

Noter que dans cette partie nous n'avons pas eu besoin d'une condition de qualification telle que $(\mathscr{C})$.

(ii) Soit $\bar{y} \in H$ un point critique de $\hat{f}$, c'est-à-dire vérifiant : $-A\bar{y} \in \partial(g^* \circ -A)(\bar{y})$. Comme nous avons supposé ce qu'il fallait pour que $\partial(g^* \circ -A)(\bar{y}) = -A\, \partial g^*(-A\bar{y})$, on a donc $-A\bar{y} \in -A\, \partial g^*(-A\bar{y})$, c'est-à-dire qu'il existe $\bar{x} \in \partial g^*(-A\bar{y})$ tel que $-A\bar{y} = -A\bar{x}$. En posant $\bar{z} := \bar{x} - \bar{y}$, on a :

$$A\bar{z} = A\bar{x} - A\bar{y} = 0, \text{ soit } \bar{z} \in \text{Ker } A;$$
$$-A\bar{x} = -A\bar{y} \in \partial g(\bar{x}). \tag{5.13}$$

On a bien démontré que $\bar{x}$ est un point critique de f. $\qquad \square$

Corollaire 5.6

L'ensemble des valeurs critiques de f et l'ensemble des valeurs critiques de $\hat{f}$ sont les mêmes.

<u>Démonstration.</u> Soit α une valeur critique de f, c'est-à-dire $\alpha = f(\bar{x})$ pour un certain point critique $\bar{x}$ de f. Alors

$$-A\bar{x} \in \partial g(\bar{x}), \ \alpha = f(\bar{x}).$$

Or, $-A\bar{x} \in \partial g(\bar{x})$ se traduit par

$$g(\bar{x}) + g^*(-A\bar{x}) = \langle \bar{x}, -A\bar{x} \rangle.$$

Par suite,

$$\alpha = f(\bar{x}) = g(\bar{x}) + \frac{1}{2} \langle A\bar{x}, \bar{x} \rangle = -\frac{1}{2} \langle A\bar{x}, \bar{x} \rangle - g^*(-A\bar{x}) = \hat{f}(\bar{x}).$$

Comme $\bar{x}$ est aussi point critique de $\hat{f}$ (Théorème 5.5, (i)), ce qui est au-dessus montre bien que α est valeur critique de $\hat{f}$.

Réciproquement, soit β une valeur critique de $\hat{f}$, c'est-à-dire $\beta = \hat{f}(\bar{y})$ pour un certain point critique $\bar{y}$ de $\hat{f}$. Dans la démonstration du (ii) du Théorème 5.5, on a exhibé un point critique $\bar{x}$ de f de la forme $\bar{x} = \bar{y} + \bar{z}$, avec $\bar{z} \in \mathrm{Ker}\,A$. On se propose de montrer que $\beta = f(\bar{x})$.

Il a été observé (*cf.* (5.13) que $-A\bar{x} = -A\bar{y} \in \partial g(\bar{x})$. Cela se traduit par

$$\begin{aligned} g(\bar{x}) + g^*(-A\bar{y}) &= \langle \bar{x}, -A\bar{y} \rangle, \\ g(\bar{x}) + g^*(-A\bar{x}) &= \langle \bar{x}, -A\bar{x} \rangle. \end{aligned} \tag{5.14}$$

Donc

$$\begin{aligned} f(\bar{x}) &= g(\bar{x}) + \frac{1}{2} \langle A\bar{x}, \bar{x} \rangle \ [\text{par définition de } f] \\ &= g(\bar{x}) + \frac{1}{2} \langle A\bar{y}, \bar{y} \rangle \ [\text{car } \bar{x} - \bar{y} = \bar{z} \in \mathrm{Ker}\,A \text{ et } A = A^*] \\ &= -\frac{1}{2} \langle A\bar{y}, \bar{y} \rangle - g^*(-A\bar{y}) \ [\text{d'après (5.14)}] \\ &= \hat{f}(\bar{y}) \ [\text{par définition de } \hat{f}] \\ &= \beta. \end{aligned}$$

$\square$

Remarque : Même s'il y a coïncidence des ensembles de valeurs critiques de f et $\hat{f}$, rien ne nous assure (comme dans d'autres schémas de dualisation) que $\inf(\mathscr{P}) = \sup(\mathscr{P}^\circ)$.

3 Modèle 3 : diff-convexe

Le problème d'optimisation considéré ici est structuré comme suit :

$$(\mathscr{P}) \begin{cases} \text{Minimiser } f(x) := g(x) - h(x) \\ x \in E, \end{cases}$$

où g et h sont des fonctions convexes s.c.i. propres sur un espace de Banach E. Dans les exemples, h (la deuxième fonction) est partout finie et continue sur E. Si ça n'est pas le cas, comme nous minimisons dans $(\mathscr{P})$, nous donnons la priorité à $+\infty$, c'est-à-dire que nous adoptons la règle de calcul $(+\infty) - (+\infty) = +\infty$ pour le cas où cela se produirait. Un modèle un peu plus général serait

$$\begin{cases} \text{Minimiser } f(x) := g(x) - h(Ax) \\ x \in E, \end{cases}$$

où $A : E \to F$ est linéaire continu et h est une fonction convexe s.c.i. propre sur l'espace de Banach F. Le lecteur-étudiant n'aura pas de peine à adapter à ce contexte les résultats que nous nous contenterons de présenter pour le modèle posé (c'est-à-dire avec $A = \mathrm{id}_E$).

L'appellation "modèle ou optimisation diff-convexe (ou d.c.)" est claire : la fonction-objectif dans $(\mathscr{P})$ est une différence de fonctions convexes. Avant d'aller plus loin, voyons sur quelques propriétés et exemples la richesse de

$DC(E) :=$ ensemble des fonctions qui s'écrivent comme des différences

de fonctions convexes sur E.

Exemple : $\mathscr{C}^2(\mathbb{R}^n) \subset DC(\mathbb{R}^n)$. Toute fonction $\mathscr{C}^2$ sur $\mathbb{R}^n$ est différence de fonctions convexes sur $\mathbb{R}^n$, et même mieux : si $f \in \mathscr{C}^2(\mathbb{R}^n)$, il existe g $\mathscr{C}^2$ et convexe sur $\mathbb{R}^n$, h $\mathscr{C}^\infty$ et convexe sur $\mathbb{R}^n$, telles que $f = g - h$. C'est notamment le cas de toute fonction polynomiale f sur $\mathbb{R}^n$. Mais on n'a pas dit que trouver une décomposition d.c. de $f \in \mathscr{C}^2(\mathbb{R}^n)$ était facile !

Le cas où E est de dimension infinie est un peu plus compliqué : il faut ajouter une hypothèse sur le comportement de $D^2 f$ pour s'assurer que $\mathscr{C}^2(E) \subset DC(E)$.

Exemple (repris du Chapitre 2, § 2.2) : Soit S une partie fermée non vide d'un espace de Hilbert H. Alors, la fonction d_S^2 (carré de la fonction distance à S) est toujours d.c. sur H ; on en a même une décomposition d.c. explicite.

Exemple : $E = \mathscr{S}_n(\mathbb{R})$ et $\lambda_k : A \in \mathscr{S}_n(\mathbb{R}) \mapsto \lambda_k(A) :=$ la k-ème plus grande valeur propre de A. Alors $\lambda_k \in DC(E)$, positivement homogène, et on a accès à une décomposition d.c. de λ_k en fonctions convexes positivement homogènes.

Si on s'en tient au cône convexe ouvert $\mathscr{S}_n^{++}(\mathbb{R}) := \{A \in \mathscr{S}_n(\mathbb{R}) \mid A \succ 0\}$, la fonction "conditionnement" c de A

$$c(A) := \frac{\lambda_1(A)}{\lambda_n(A)}$$

est d.c. sur $\mathscr{S}_n^{++}(\mathbb{R})$.

Propriété : $DC(E)$ est stable par les propriétés usuelles de l'Analyse telles que : addition, soustraction, multiplication, maximum d'un nombre fini de fonctions, etc. Dans ces cas, disposer de décompositions d.c. des fonctions composantes dans l'opération conduit à une décomposition d.c., une du moins, de la fonction résultante.

Exemple (important) : <u>Maximisation convexe sur un convexe</u>
Considérons le problème d'optimisation suivant :

$$(\mathscr{P}) \begin{cases} \text{Maximiser } h(x) \\ x \in C, \end{cases}$$

où $h : E \to \mathbb{R}$ est une fonction convexe continue sur E et C est un convexe fermé de E. Ce modèle de problèmes d'optimisation "terriblement" non convexes est difficile à traiter. Penser pour s'en convaincre au cas où $f(x) = \langle Ax, x \rangle$ est une fonction quadratique convexe sur $\mathbb{R}^n$ et $C = [-1, +1]^n$.
On peut reformuler $(\mathscr{P})$ au-dessus en un format d.c.. En effet, $(\mathscr{P})$ est équivalent à

$$\begin{cases} \text{Minimiser } f(x) := i_C(x) - h(x) \\ x \in E. \end{cases}$$

Le problème $(\mathscr{P})$ est non convexe mais il a de la structure : la convexité est présente deux fois (*via* g et h), même si une fois elle est dans le mauvais sens (à rebours si on veut). La manière d'associer un problème "dual" ou "adjoint" à $(\mathscr{P})$ va tenir compte de cette structure ; elle sera construite non pas à partir de f mais bien à partir de f décomposée en $f = g - h$ (avec g et h convexes). Plusieurs mathématiciens ont contribué à la dualisation des problèmes d.c., mais le grand bonhomme dans cette affaire est J. Toland. Voici sa définition :

$$(\mathscr{P}^\diamond) \begin{cases} \text{Minimiser } f^\diamond(x^*) := h^*(x^*) - g^*(x^*) \\ x^* \in E^*. \end{cases}$$

C'est à nouveau un problème d.c., et $(\mathscr{P}^\diamond)^\diamond = (\mathscr{P})$. Comme cela a déjà été dit, $f^\diamond$ n'est pas associée à f mais bien à $f = g - h$. Ceci peut être considéré comme une faiblesse (multiplicité de décompositions d.c. de f), mais s'avère être un atout : tous les résultats présentés plus bas sont valables pour toutes les décompositions d.c. de f. Imaginons par exemple que E soit un espace de Hilbert et qu'on tienne à avoir une décomposition de la fonction d.c. $f = g - h$ avec des fonctions g et h qui soient strictement (et même fortement) convexes. À partir d'une décomposition donnée on obtient le résultat voulu en posant :

$$f = g - h = (g + \|\cdot\|^2) - (h + \|\cdot\|^2).$$

Théorème 5.7 (Minimisation dans ($\mathscr{P}$) vs. minimisation dans ($\mathscr{P}^\diamond$))

(i) On a toujours l'égalité suivante

$$\inf(\mathscr{P}) = \inf(\mathscr{P}^\diamond). \tag{5.15}$$

(ii) Si $\bar{x}$ est un minimiseur de $f = g - h$ sur E, alors tout sous-gradient $\bar{x}^*$ de h en $\bar{x}$ est un minimiseur de $f^\diamond = h^* - g^*$ sur E^*.
De plus, $f(\bar{x}) = f^\diamond(\bar{x}^*)$.

<u>Démonstration.</u> (i) <u>Point 1 :</u> $\inf(\mathscr{P}) \leq \inf(\mathscr{P}^\diamond)$.
Supposons le contraire et arrivons à une contradiction. Supposons donc qu'il existe $r \in \mathbb{R}$ tel que $\inf(\mathscr{P}) > r > \inf(\mathscr{P}^\diamond)$. Ainsi

$$g(x) - h(x) > r \text{ pour tout } x \in E.$$

Soit $x^* \in E^*$. On a alors :

$$
\begin{aligned}
g^*(x^*) &= \sup_{x \in E}[\langle x^*, x \rangle - g(x)] \\
&\leq \sup_{x \in E}[\langle x^*, x \rangle - h(x) - r] \\
&\leq \sup_{x \in E}[\langle x^*, x \rangle - h(x)] - r = h^*(x^*) - r.
\end{aligned}
$$

En conséquence,

$$r \leq h^*(x^*) - g^*(x^*).$$

Ceci étant montré pour tout $x^* \in E^*$, il s'ensuit $r \leq \inf(\mathscr{P}^\diamond)$, ce qui est contradictoire avec l'assertion de départ.
<u>Point 2 :</u> $\inf(\mathscr{P}) \geq \inf(\mathscr{P}^\diamond)$.
Supposons le contraire. Il existe alors $r \in \mathbb{R}$ tel que $\inf(\mathscr{P}) < r < \inf(\mathscr{P}^\diamond)$.
Par suite,

$$h^*(x^*) - g^*(x^*) > r \text{ pour tout } x^* \in E^*.$$

Or, $g^{**} = g$ et $h^{**} = h$ (puisque g et h ont été supposées convexes s.c.i. sur E). Par conséquent, pour tout $x \in E$,

$$
\begin{aligned}
h(x) = h^{**}(x) &= \sup_{x^* \in E^*} \; [\langle x, x^* \rangle - h^*(x^*)] \\
&\leq \sup_{x^* \in E^*} \; [\langle x, x^* \rangle - g^*(x^*) - r] \\
&\leq \sup_{x^* \in E^*} \; [\langle x, x^* \rangle - g^*(x^*)] - r = g^{**}(x) - r = g(x) - r.
\end{aligned}
$$

D'où $r \leq g(x) - h(x)$ pour tout $x \in E$, et donc $r \leq \inf(\mathscr{P})$. Ceci entre en contradiction avec l'hypothèse de départ.

Nous avons bien démontré l'assertion (i) : $\inf(\mathscr{P}) = \inf(\mathscr{P}^\diamond)$.

(ii) Soit $\bar{x}$ un minimiseur (global) de $f = g - h$ sur E. On a :

$$f(x) \geq f(\bar{x}) \text{ pour tout } x \in E,$$

soit encore

$$g(x) - g(\bar{x}) \geq h(x) - h(\bar{x}) \text{ pour tout } x \in E.$$

La définition même du sous-différentiel d'une fonction fait que

$$\partial h(\bar{x}) \subset \partial g(\bar{x}).$$

Soit à présent $\bar{x}^* \in \partial h(\bar{x})$. On a alors :

$$h^*(\bar{x}^*) + h(\bar{x}) - \langle \bar{x}, \bar{x}^* \rangle = 0,$$

et comme $\bar{x}^*$ est aussi dans $\partial g(\bar{x})$,

$$g^*(\bar{x}^*) + g(\bar{x}) - \langle \bar{x}, \bar{x}^* \rangle = 0.$$

Par conséquent,

$$f(\bar{x}) = g(\bar{x}) - h(\bar{x}) = h^*(\bar{x}^*) - g^*(\bar{x}^*).$$

Or, $f(\bar{x}) = \inf(\mathscr{P}) = \inf(\mathscr{P}^\diamond)$ (première partie du Théorème 5.7). Donc

$$f^\diamond(\bar{x}^*) = h^*(\bar{x}^*) - g^*(\bar{x}^*) = \inf(\mathscr{P}^\diamond),$$

ce qui exprime bien que $\bar{x}^*$ est un minimiseur de $f^\diamond$ sur E^*. □

Remarques
- Contrairement à ce qui se passe dans la dualisation de problèmes de minimisation convexe, l'existence de $\bar{x} \in E$ et de $\bar{x}^* \in E^*$ tels que $f(\bar{x}) = f^\diamond(\bar{x}^*)$ n'implique pas que $\bar{x}$ est une solution de $(\mathscr{P})$ et $\bar{x}^*$ une solution de $(\mathscr{P}^\diamond)$.
- Dans la dualisation $f = g - h \rightsquigarrow f^\diamond = h^* - g^*$, il n'y a pas de raison de privilégier la minimisation par rapport à la maximisation ; des résultats similaires à ceux du Théorème 5.7 s'obtiennent *mutatis mutandis* pour le problème de la maximisation de $f = g - h$ sur E.

$(\mathscr{P})$ et $(\mathscr{P}^\diamond)$ sont des problèmes de minimisation non convexes ; donc des minimiseurs locaux différents des minimiseurs globaux peuvent apparaître. La condition nécessaire de minimalité du 1er ordre ci-après, déjà observée pour des minimiseurs globaux, est valable pour les minimiseurs locaux.

Proposition 5.8
Soit $\bar{x}$ un minimiseur local de $f = g - h$ sur E. Alors :

$$\partial h(\bar{x}) \subset \partial g(\bar{x}). \tag{5.16}$$

<u>Démonstration.</u> Pour x dans une boule $\overline{B}(\bar{x}, r)$, on a :

$$f(x) = g(x) - h(x) \geq f(\bar{x}) = g(\bar{x}) - h(\bar{x}),$$

soit encore

$$g(x) - g(\bar{x}) \geq h(x) - h(\bar{x}).$$

Soit $\bar{x}^* \in \partial h(\bar{x})$. De la relation de base $h(x) - h(\bar{x}) \geq \langle \bar{x}^*, x - \bar{x} \rangle$ et de l'inégalité au-dessus on déduit

$$g(x) - g(\bar{x}) \geq \langle \bar{x}^*, x - \bar{x} \rangle \text{pour tout } x \in \overline{B}(\bar{x}, r).$$

Grâce à la convexité de g qui "globalise" les inégalités, la relation au-dessus s'étend à tout E : $\bar{x}^*$ est bien dans $\partial g(\bar{x})$. □

La condition (5.16) est "orientée" vers la minimisation, et la condition nécessaire vérifiée par un maximiseur local $\bar{x}$ serait $\partial g(\bar{x}) \subset \partial h(\bar{x})$. Pour symétriser quelque peu les choses, Toland a eu l'idée d'introduire la notion de point critique (ou stationnaire) suivante.

Définition 5.9
Un point $\bar{x} \in E$ est appelé point T-critique (ou T-stationnaire) de $f = g - h$ lorsque $\partial g(\bar{x}) \cap \partial h(\bar{x}) \neq \emptyset$.

Lorsque $\bar{x}$ est un point T-critique, la valeur $f(\bar{x}) = g(\bar{x}) - h(\bar{x})$ est appelée valeur T-critique de f.
Évidemment, cette notion de T-criticité de f dépend de la décomposition d.c. $f = g - h$ de f.
Comme conséquence de la Proposition 5.8, nous avons :

- Si $\bar{x}$ est un minimiseur local de $f = g - h$ et si $\partial h(\bar{x}) \neq \emptyset$, alors $\bar{x}$ est un point T-critique de f.
- Si $\bar{x}$ est un maximiseur local de $f = g - h$ et si $\partial g(\bar{x}) \neq \emptyset$, alors $\bar{x}$ est un point T-critique de f.

Nous allons établir des liens entre les points T-critiques de $f = g - h$ et ceux de $f^{\diamond} = h^* - g^*$. De manière à définir un cheminement (et des notations) parallèle(s) à ceux du § 2, nous supposons pour simplifier que E est un espace de Hilbert (noté H).

Théorème 5.10

(i) Si $\bar{x}$ est un point T-critique de $f = g - h$, alors $\bar{y} \in \partial g(\bar{x}) \cap \partial h(\bar{x})$ est un point T-critique de $f^{\diamond} = h^* - g^*$.

(ii) Si $\bar{y}$ est un point T-critique de $f^{\diamond} = h^* - g^*$, alors $\bar{x} \in \partial g^*(\bar{y}) \cap \partial h^*(\bar{y})$ est un point T-critique de $f = g - h$.

Démonstration. Soit $\bar{x}$ un point T-critique de $f = g - h$ et $\bar{c} = f(\bar{x})$ la valeur T-critique correspondante. Pour $\bar{y} \in \partial g(\bar{x}) \cap \partial h(\bar{x})$, on a :

$$g^*(\bar{y}) + g(\bar{x}) = \langle \bar{x}, \bar{y} \rangle, \\ h^*(\bar{y}) + h(\bar{x}) = \langle \bar{x}, \bar{y} \rangle, \tag{5.17}$$

d'où, en faisant une différence,

$$\bar{c} = g(\bar{x}) - h(\bar{x}) = h^*(\bar{y}) - g^*(\bar{y}). \tag{5.18}$$

Les relations (5.17) indiquent que $\bar{x} \in \partial g^*(\bar{y}) \cap \partial h^*(\bar{y})$, c'est-à-dire que $\bar{y}$ est un point T-critique de $f^{\diamond} = h^* - g^*$. La relation (5.18) montre de surcroît que les valeurs T-critiques correspondantes (de f et de $f^{\diamond}$) sont les mêmes. La démonstration de (ii) se fait de la même manière. $\square$

En écho au Corollaire 5.6 du § 2, nous avons :

Corollaire 5.11
L'ensemble des valeurs T-critiques de f coïncide avec l'ensemble des valeurs T-critiques de $f^{\diamond}$.

Remarque générale : Nous terminons ce paragraphe par une remarque générale concernant les hypothèses sur les fonctions g et h de la décomposition $f = g - h$ de la fonction-objectif f dans $(\mathscr{P})$. Il s'avère que pour obtenir les résultats décrits dans ce paragraphe, la convexité de g (la première fonction) n'est pas essentielle : on peut remplacer g par $g^{**} = \overline{\mathrm{co}}\, g$. Ceci est compréhensible si on regarde par exemple le problème de la maximisation de g sur C, reformulé en problème d.c. comme la minimisation de $i_C - h$ sur E (*cf.* page 130) : maximiser h sur C et maximiser h sur $\overline{\mathrm{co}}\, C$ reviennent au même.

L'hypothèse de convexité de h (la deuxième fonction) est, elle, incontournable.

Exercices

Exercice 1 (Enveloppe convexe de la variété de Stieffel)

Soit $T_m^n := \left\{ M \in \mathscr{M}_{m,n}(\mathbb{R}) \mid M^T M = I_m \right\}$. Cet ensemble est appelé variété de STIEFFEL.

Pour $m = n$, T_n^n est l'ensemble des matrices orthogonales $n \times n$.

Montrer que

$$\mathrm{co}\, T_m^n = \left\{ M \in \mathscr{M}_{m,n}(\mathbb{R}) \mid \|M\|_{\mathrm{sp}} \leq 1 \right\},$$

c'est-à-dire la boule unité fermée de $\mathscr{M}_{m,n}(\mathbb{R})$ pour la norme spectrale $\|\cdot\|_{\mathrm{sp}}$.

Rappel : $\|M\|_{\mathrm{sp}} = \sigma_1(M)$, la plus grande valeur singulière de M.

Exercice 2 (Enveloppe convexe de l'ensemble des matrices de rang inférieur à k)

Pour $M \in \mathscr{M}_{m,n}(\mathbb{R})$ et $p := \min(m, n)$, on désigne par $\sigma_1(M) \geq \sigma_2(M) \geq \ldots \geq \sigma_p(M)$ les valeurs singulières de M rangées dans un ordre décroissant. Deux normes matricielles sont utilisées ici et dans l'Exercice 4. :

$$\|M\|_{\mathrm{sp}} = \sigma_1(M) \qquad (\|\cdot\|_{\mathrm{sp}} \text{ est appelée norme spectrale})$$

$$\|M\|_* = \sum_{i=1}^{p} \sigma_i(M) \ (\|\cdot\|_* \text{ est appelée parfois norme nucléaire}).$$

Pour $k \in \{1, 2, \ldots, p\}$ et $r > 0$, on pose :

$$S_k^r := \left\{ M \in \mathscr{M}_{m,n}(\mathbb{R}) \mid \mathrm{rang}\, M \leq k \text{ et } \|M\|_{\mathrm{sp}} \leq r \right\}.$$

Montrer que

$$\text{co } S_k^r = \left\{ M \in \mathscr{M}_{m,n}(\mathbb{R}) \mid \|M\|_* \leq k\,r \text{ et } \|M\|_{\text{sp}} \leq r \right\}.$$

Hint : Utiliser une décomposition en valeurs singulières de M.

Exercice 3 (Relaxation convexe de la fonction de comptage)

Soit $c : x = (x_1, \ldots, x_n) \in \mathbb{R}^n \mapsto c(x) :=$ nombre de i tels que $x_i \neq 0$.

1) Lister toutes les propriétés de c que vous connaissez.

2) Pour $r > 0$, on pose :

$$c_r(x) := \begin{cases} c(x) \text{ si } \|x\|_\infty \leq r, \\ +\infty \text{ sinon.} \end{cases}$$

Montrer que la relaxation convexe $\overline{\text{co}}\, c_r$ de c_r s'exprime comme suit :

$$(\overline{\text{co}}\, c_r)(x) := \begin{cases} \frac{1}{r} \|x\|_1 \text{ si } \|x\|_\infty \leq r, \\ +\infty \text{ sinon.} \end{cases}$$

Exercice 4 (Relaxation convexe de la fonction rang)

Pour $r > 0$, on définit $\text{rang}_r : \mathscr{M}_{m,n}(\mathbb{R}) \to \mathbb{R}$ de la manière suivante :

$$\text{rang}_r(M) := \begin{cases} \text{rang de } M \text{ si } \|M\|_{\text{sp}} \leq r, \\ +\infty \text{ sinon.} \end{cases}$$

Montrer que la relaxation convexe $\overline{\text{co}}\,(\text{rang}_r)$ de la fonction rang_r s'évalue comme suit :

$$\overline{\text{co}}\,(\text{rang}_r)(M) = \begin{cases} \frac{1}{r} \|M\|_* \text{ si } \|M\|_{\text{sp}} \leq r, \\ +\infty \text{ sinon.} \end{cases}$$

Hint : On peut utiliser le résultat démontré en Exercice 2.

Exercice 5 (Dualisation de la notion de copositivité d'une matrice)

$A \in \mathscr{S}_n(\mathbb{R})$ est dite *copositive* lorsque $\langle Ax, x \rangle \geq 0$ pour tout $x \in \mathbb{R}_+^n$.

On considère le problème d'optimisation suivant :

$$(\mathscr{P}) \begin{cases} \text{Minimiser } \frac{1}{2} \langle Ax, x \rangle \\ x \in \mathbb{R}_+^n. \end{cases}$$

1) Reformuler ($\mathscr{P}$) comme un problème du Modèle 2 : convexe + quadratique et écrire son problème dual ($\mathscr{P}^\circ$).

2) On suppose que A est inversible. Vérifier que :

$$\inf(\mathscr{P}) = 0 \text{ équivaut à la copositivité de } A,$$
$$\sup(\mathscr{P}^\circ) = 0 \text{ équivaut à la copositivité de } A^{-1}.$$

Exercice 6 (Dualisation d.c. de la notion de copositivité d'une matrice)
Pour $A \in \mathscr{S}_n(\mathbb{R})$, on considère le problème d'optimisation suivant :

$$(\mathscr{P}) \begin{cases} \text{Minimiser } \frac{1}{2} \langle Ax, x \rangle \\ x \in \mathbb{R}_+^n. \end{cases}$$

Soit $r > \max\{\lambda_{\max}(A), 0\}$.

1) Montrer que ($\mathscr{P}$) est équivalent à un problème d.c. (*cf.* Modèle 3), avec $f = g - h$, où :

$$g(x) := \frac{r}{2} \|x\|^2 + i_{\mathbb{R}_+^n}(x), \quad h(x) := \frac{1}{2} \langle (r\, I_n - A)\, x, x \rangle.$$

2) Interpréter tous les résultats du § 3 (cas du Modèle diff-convexe) dans ce contexte.

Exercice 7 (Formule donnant la conjuguée de la différence de deux fonctions)
Soit H un espace de Hilbert et $f : H \to \mathbb{R} \cup \{+\infty\}$ structurée de la manière suivante :

$$f = g - h, \text{ où } g : H \to \mathbb{R} \cup \{+\infty\} \text{ et } h : H \to \mathbb{R}.$$

1) – Soit $y \in H$. Montrer :

$$f^*(y) \geq \sup_{u \in \text{dom}\, h^*} \left[g^*(y + u) - h^*(u) \right]. \tag{5.19}$$

 – On suppose de plus que h est continue sur H. Montrer alors que l'inégalité (5.19) devient une égalité.
 – Que disent les résultats précédents dans le cas particulier où $y = 0$?

2) *Maximisation d'une fonction convexe sur un ensemble*
 On considère le problème de la maximisation d'une fonction convexe continue $h : H \to \mathbb{R}$ sur un ensemble non vide S de H ; on pose $\alpha := \sup_{x \in S} h(x)$.

- Montrer que $-\alpha$ peut s'écrire comme l'infimum d'une fonction f sur H, où f est du type indiqué au début de l'exercice.
- Établir :

$$-\alpha = \inf_{u \,\in\, \mathrm{dom}\, h^*} \left[h^*(u) - \sigma_S(y) \right], \qquad (5.20)$$

où σ_S désigne la fonction d'appui de S.

3) *Formulation variationnelle de la plus grande valeur propre de $A \succ 0$*

Soit A une matrice (symétrique) définie positive de taille n ; on désigne par λ_M la plus grande valeur propre de A.

- Se souvenant de la formulation $\lambda_M = \max_{\|x\| \leq 1} \langle Ax, x \rangle$, montrer en utilisant la méthodologie développée dans la question 2 que

$$-\frac{\lambda_M}{2} = \inf_{u \,\in\, \mathbb{R}^n} \left[\frac{1}{2} \langle A^{-1}u, u \rangle - \|u\| \right]. \qquad (5.21)$$

- En modifiant la formulation variationnelle de λ_M de départ, montrer

$$-\frac{\lambda_M}{2} = \inf_{u \,\in\, \mathbb{R}^n} \left[\frac{1}{2} \|u\|^2 - \sqrt{\langle Au, u \rangle} \right]. \qquad (5.22)$$

Exercice 8 (Distance entre une fonction et sa régularisée de MOREAU-YOSIDA)

Soit H un espace de Hilbert et $f : H \to \mathbb{R} \cup \{+\infty\}$ convexe s.c.i.. Pour $r > 0$, on désigne par f_r sa régularisée de Moreau-Yosida, c'est-à-dire :

$$f_r := f \,\square\, \frac{r}{2} \, \|\cdot\|^2 \,.$$

Montrer :

$$\inf_{x \,\in\, H} \left[f(x) - (f \,\square\, \frac{r}{2} \, \|\cdot\|^2)\,(x) \right] = \inf_{u \,\in\, \mathrm{dom}\, f^*} \frac{r}{2} \, \|u\|^2 \,.$$

Hint : Utiliser la technique de dualisation d.c..

Exercice 9 (Formulations variationnelles diverses de la plus grande valeur propre de $A \succ 0$)

Soit $A \succ 0$. On désigne par $\lambda_1 \geq \lambda_2 \geq \ldots \geq \lambda_n$ les valeurs propres de A rangées dans un ordre décroissant. Pour λ_k valeur propre de A, on désigne par S_{λ_k} l'ensemble des vecteurs propres unitaires associés à λ_k.

1) *Première formulation variationnelle*
   On définit

$$S_A : x \in \mathbb{R}^n \mapsto S_A(x) := \|x\|^2 - 2\sqrt{\langle Ax, x \rangle}. \qquad (5.23)$$

   a) Montrer que $\inf\limits_{x \in \mathbb{R}^n} S_A(x) = -\lambda_1$ (déjà vu à la question 3 de l'Exercice 7) et que l'infimum est atteint en tout point $\sqrt{\lambda_1}\, e_1$, où $e_1 \in S_{\lambda_1}$.

   b) Montrer que l'ensemble des points critiques non nuls de S_A est :

$$\left\{ \sqrt{\lambda_k}\, e_k \mid e_k \in S_{\lambda_k},\ k = 1, \ldots, n \right\}$$

   et que si $\lambda_k \neq \lambda_1$, $\sqrt{\lambda_k}\, e_k$ est un point-selle de S_A.

2) *Deuxième formulation variationnelle*
   On définit

$$P_A : x \in \mathbb{R}^n \mapsto P_A(x) := \|x\|^4 - 2\langle Ax, x \rangle. \qquad (5.24)$$

   a) Montrer que $\inf\limits_{x \in \mathbb{R}^n} P_A(x) = -\lambda_1^2$ et que l'infimum est atteint en tout point $\sqrt{\lambda_1}\, e_1$, où $e_1 \in S_{\lambda_1}$.

   b) Montrer que l'ensemble des points critiques non nuls de P_A est :

$$\left\{ \sqrt{\lambda_k}\, e_k \mid e_k \in S_{\lambda_k},\ k = 1, \ldots, n \right\}$$

   et que si $\lambda_k \neq \lambda_1$, $\sqrt{\lambda_k}\, e_k$ est un point-selle de S_A.

3) *Troisième formulation variationnelle*
   On définit

$$L_A : 0 \neq x \in \mathbb{R}^n \mapsto L_A(x) := \|x\|^2 - \ln(\langle Ax, x \rangle). \qquad (5.25)$$

   a) Montrer que $\inf\limits_{0 \neq x \in \mathbb{R}^n} L_A(x) = 1 - \ln \lambda_1$ et que l'infimum est atteint en tout point x de S_{λ_1}.

   b) Montrer que l'ensemble des points critiques de L_A est $\bigcup\limits_{1 \leq k \leq n} S_{\lambda_k}$ et que tous les $\bigcup\limits_{1 < k \leq n} S_{\lambda_k}$ sont des points-selles de L_A.

Références

[BHU] J. Benoist and J.-B. Hiriart-Urruty. "What is the subdifferential of the closed convex hull of a function ?". *SIAM J. Math. Anal.* Vol. 27, 6 (1996), p. 1661–1679.

[B] B. Brighi. "Sur l'enveloppe convexe d'une fonction de la variable réelle". *Revue de Mathématiques Spéciales* 8 (1994), p. 547–550.

[L] Y. Lucet. "What shape is your conjugate ? A survey of computational convex analysis and its applications". *SIAM J. on Optimization* Vol. 20, 1 (2009), p. 216–250.

[HULV] J.-B. Hiriart-Urruty, M. Lopez and M. Volle. "The ε-strategy in variational analysis : illustration with the closed convex convexification of a function". *Revista Matemática, Iberoamericana* 27(2), 2011, pp. 449–471.

[ET] I. Ekeland and T. Turnbull. *Infinite-Dimensional Optimization and Convexity.* Chicago Lectures in Mathematics Series, 1983.

[T1] J.F. Toland. "Duality in nonconvex optimization". *J. Math. Anal. Appl.* 66 (1978), p. 399–415.

[T2] J.F. Toland. "A duality principle for non-convex optimisation and the calculus of variations". *Arch. Rational Mech. Anal.* 71 (1979), p. 41–61.

[AT] H. Attouch and M. Théra. "A general duality principle for the sum of two operators". *J. of Convex Anal.* Vol. 3, 1 (1996), p. 1–24.

[EL] I. Ekeland and J.-M. Lasry. "Problèmes variationnels non convexes en dualité". *Note aux CRAS Paris* 290 (1980), P. 493–496.

[E] I. Ekeland. *Convexity Methods in Hamiltonian Mechanics.* Springer Verlag, 1990.

[S] I. Singer. "A Fenchel-Rockafellar type duality theorem for maximization". *Bull. Australian Math. Soc.* 20 (1979), p. 193–198.

[HU] J.-B. Hiriart-Urruty. "A general formula on the conjugate of the difference of functions". *Canad. Math. Bull.* Vol. 29, 4 (1986), p. 482–485.

Chapitre 6
SOUS-DIFFÉRENTIELS GÉNÉRALISÉS DE FONCTIONS NON DIFFÉRENTIABLES

> *"Il faut parfois compliquer un problème pour en simplifier la solution."* P. ERDÖS (1913-1996)
> *"You are never sure whether or not a problem is good unless you actually solve it."* M. GROMOV (Abel Prize, 2009)

Les problèmes variationnels ou d'optimisation font intervenir, de manière naturelle, des fonctions qui ne sont pas différentiables. Certes ces fonctions sont différentiables en la plupart des points, mais ne le sont pas aux "points intéressants". Les objectifs d'un calcul différentiel généralisé sont, au moins : "que ça fonctionne" (eu égard aux opérations usuelles de l'Analyse) ; "que ça s'utilise" (Algorithmique, problèmes applicatifs).

En démarrant ce chapitre, il y a déjà deux contextes dans lesquels on sait évoluer et qu'il s'agit d'englober et de généraliser : celui des fonctions différentiables et celui des fonctions convexes. Ainsi, tout nouvel objet mathématique visant à "différentier des fonctions non différentiables" devra se réduire à la différentielle usuelle dans le cas des fonctions différentiables (ou du moins continûment différentiables) et à celui de sous-différentiel dans le cas de fonctions convexes.

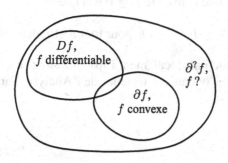

J.-B. Hiriart-Urruty, *Bases, outils et principes pour l'analyse variationnelle*,
Mathématiques et Applications 70, DOI: 10.1007/978-3-642-30735-5_6,
© Springer-Verlag Berlin Heidelberg 2012

Dans cette cohérence ascendante cherchant à toucher une classe de fonctions aussi vaste que possible, nous sommes conduits à faire des choix parmi tous les sous-différentiels généralisés proposés par les mathématiciens lors des trente-cinq dernières années. Ces choix dépendent de ce qu'on veut faire :

- S'il s'agit de traiter les problèmes variationnels ou d'optimisation dans leur formulation abstraite, dériver des *conditions nécessaires d'optimalité* par exemple, il y a alors plusieurs sous-différentiels généralisés possibles. Nous présenterons en deuxième partie de chapitre un échantillon de ces candidats, objets d'Analyse parfois très fins et subtils.

- S'il s'agit d'*algorithmique* pour traiter des problèmes non différentiables, il n'y a pas besoin de généralité maximale mais bien de disposer d'un outil avec des règles de calcul robustes. Dans ce but, nous consacrerons la première partie de ce chapitre au *gradient généralisé* ou *sous-différentiel généralisé* au sens de F. Clarke.

Il y a sur le sujet de nombreux ouvrages, complets et bien faits ; nous en indiquons quelques-uns à la fin du chapitre.

Points d'appui / Prérequis :
- Règles du calcul différentiel usuel. Annexe du Chapitre 2.
- Techniques de l'Analyse convexe (Chapitre 4), plus spécifiquement les règles de calcul sous-différentiel.

1 Sous-différentiation généralisée de fonctions localement Lipschitz

Soit $(E, \|\cdot\|)$ un espace de Banach, $\mathcal{O}$ un ouvert de E (prendre $\mathcal{O} = E$ pour fixer les idées) et $f : \mathcal{O} \subset E \to \mathbb{R}$ une fonction localement Lipschitz (ou localement lipschitzienne) sur $\mathcal{O}$. Rappelons (ou indiquons) que f est localement lipschitzienne sur $\mathcal{O}$ lorsque :

Pour tout x de $\mathcal{O}$, il existe un voisinage $V \subset \mathcal{O}$ de x (mettons que $V = \overline{B}(x, r)$) et une constante $L \geq 0$ tels que :

$$|f(u) - f(v)| \leq L \|u - v\| \text{ pour tout } u \text{ et } v \text{ dans } \overline{B}(x, r). \quad (6.1)$$

La classe des fonctions localement Lipschitz sur $\mathcal{O}$ est remarquablement stable pour toutes les opérations usuelles de l'Analyse. Par exemple :

$$\begin{pmatrix} f \text{ et } g \text{ localement Lipschitz sur } \mathcal{O} \text{ ;} \\ \lambda \text{ et } \mu \text{ réels} \end{pmatrix} \Rightarrow \begin{pmatrix} \lambda f + \mu g \text{ localement} \\ \text{Lipschitz sur } \mathcal{O} \end{pmatrix} ;$$

$$\begin{pmatrix} f \text{ et } g \text{ localement Lipschitz sur } \mathcal{O} \end{pmatrix} \Rightarrow \begin{pmatrix} f g \text{ localement Lipschitz sur } \mathcal{O} \end{pmatrix} ;$$

$$\begin{pmatrix} f \text{ localement Lipschitz sur } \mathcal{O} \text{ ;} \\ f(x) \neq 0 \text{ pour tout } x \in \mathcal{O} \end{pmatrix} \Rightarrow \begin{pmatrix} \frac{1}{f} \text{ localement Lipschitz sur } \mathcal{O} \end{pmatrix} ;$$

$$\begin{pmatrix} f_1, \dots, f_k \text{ localement} \\ \text{Lipschitz sur } \mathcal{O} \end{pmatrix} \Rightarrow \begin{pmatrix} \max(f_1, \dots, f_k) \text{ et } \min(f_1, \dots, f_k) \\ \text{localement Lipschitz sur } \mathcal{O} \end{pmatrix}.$$

Cette dernière implication a son importance car l'opération $(f_1, \dots, f_k) \mapsto \max(f_1, \dots, f_k)$ détruit la différentiabilité. Une illustration, fréquente en théorie de l'Approximation, est :

$$\begin{pmatrix} f \text{ localement Lipschitz sur } \mathcal{O} \end{pmatrix} \Rightarrow \begin{pmatrix} |f| \text{ localement Lipschitz sur } \mathcal{O} \end{pmatrix}.$$

Parmi les classes de fonctions déjà rencontrées et qui sont localement Lipschitz, notons :

$$\begin{pmatrix} \mathcal{O} \text{ convexe et } f : \text{convexe} \\ \text{(ou concave) continue sur } \mathcal{O} \end{pmatrix} \Rightarrow \begin{pmatrix} f \text{ est localement Lipschitz sur } \mathcal{O} \end{pmatrix} ;$$

$$\begin{pmatrix} f \text{ continûment différentiable} \\ \text{sur } \mathcal{O} \end{pmatrix} \Rightarrow \begin{pmatrix} f \text{ est localement Lipschitz sur } \mathcal{O} \end{pmatrix}.$$

Il existe néanmoins des fonctions différentiables sur $\mathcal{O}$ qui ne sont pas localement Lipschitz sur $\mathcal{O}$; nous en donnerons un exemple plus loin. Mais cette subtilité n'est pas rédhibitoire. Dans le cas où E est de dimension finie, disons $E = \mathbb{R}^n$, signalons le beau résultat que voici.

Théorème 6.1 (H. RADEMACHER, 1919)
Une fonction $f : \mathcal{O} \subset \mathbb{R}^n \to \mathbb{R}$ localement Lipschitz sur $\mathcal{O}$ est différentiable presque partout sur $\mathcal{O}$ (c'est-à-dire en tous les points de $\mathcal{O}$, à l'exception de ceux d'un ensemble de mesure de Lebesgue nulle).

Rappelons qu'ici les différentiabilités au sens de Gâteaux, Hadamard ou Fréchet sont équivalentes (*cf.* Annexe du Chapitre 2). De plus, le caractère localement Lipschitz de f fait que $\nabla f(x')$, là où il existe dans un voisinage de x, est "contrôlé" par la constante de Lipschitz, il "n'explose pas". En termes plus mathématiques, pour tout $x \in \mathcal{O}$, il existe $r > 0$ et $L \geq 0$ tels que

$$\left\{ \nabla f(x') \mid x' \in \overline{B}(x, r) \text{ et } f \text{ est différentiable en } x' \right\} \subset \overline{B}(0, L).$$

Ceci est dû au fait que, pour x' voisin de x,

$$\left| \frac{f(x' + t\,d) - f(x')}{t} \right| \leq L \, \|d\| \,. \tag{6.2}$$

Une première tentation, et donc tentative, dans ce contexte où $E = \mathbb{R}^n$, est de "ramasser toutes les limites de gradients" : pour $x \in \mathcal{O}$, on définit ainsi

$$\underset{\rightarrow}{\nabla} f(x) := \left\{ v \in \mathbb{R}^n \mid \exists \, (x_k) \to x, \ f \text{ diff. en } x_k, \ \nabla f(x_k) \to v \right\}. \tag{6.3}$$

Il est facile de voir que $\underset{\rightarrow}{\nabla} f(x)$ est un *compact non vide* de $\mathbb{R}^n$, pas nécessairement convexe pour autant. À titre d'exemples :
- Si $f : x \in \mathbb{R} \mapsto f(x) = |x|$, $\underset{\rightarrow}{\nabla} f(0) = \{-1, +1\}$;
- Si $f : \mathcal{O} \subset \mathbb{R}^n \mapsto f(x)$ est continûment différentiable sur $\mathcal{O}$, $\underset{\rightarrow}{\nabla} f(x) = \{\nabla f(x)\}$ pour tout $x \in \mathcal{O}$.

Nous n'allons pas plus loin dans cette démarche ; nous y reviendrons plus loin.

Quand on pense différentiabilité de f en x, on pense inévitablement à des quotients différentiels

$$\frac{f(x + t\,d) - f(x)}{t}, \text{ où } d \in E \text{ et } t > 0. \tag{6.4}$$

Qu'en faire lorsque f n'est pas différentiable en x ? On a beau essayer des limites supérieures ou inférieures quand $t \to 0^+$ à partir de (6.4), on récupère à l'arrivée une sorte de dérivée directionnelle généralisée $f^{(1)}(x, d)$ dont la seule propriété tangible est qu'elle est positivement homogène en la direction d : $f^{(1)}(x, \alpha\,d) = \alpha \, f^{(1)}(x, d)$ pour tout $\alpha > 0$.
Une approche différente, décisive quant à l'utilité du concept qui va suivre, consiste à considérer le quotient différentiel de (6.4) pas en x seul mais *dans un voisinage de x*. Elle est due à F. CLARKE (1973) et a marqué le renouveau de ce qu'on appelle parfois l'*Analyse non-lisse* (*Nonsmooth analysis* en anglais).

1.1 Dérivées directionnelles généralisées et sous-différentiels généralisés au sens de CLARKE : Définitions et premières propriétés

On considère toujours, et sans le rappeler à chaque fois, une fonction f : $\mathcal{O} \subset E \to \mathbb{R}$ localement Lipschitz sur l'ouvert $\mathcal{O}$ de E et $x \in \mathcal{O}$.

Définition 6.2
La dérivée directionnelle généralisée de f en x, au sens de CLARKE, est

$$d \in E \mapsto f^\circ(x\,;d) := \limsup_{\substack{x' \to x \\ t \to 0^+}} \frac{f(x'+t\,d) - f(x')}{t} \,. \qquad (6.5)$$

On aurait pu ajouter $d' \to d$ dans la limite supérieure de définition dans (6.5), cela n'aurait rien changé au résultat puisque

$$\left| \frac{f(x'+t\,d') - f(x')}{t} - \frac{f(x'+t\,d) - f(x')}{t} \right| \le L \, \|d' - d\|$$

pour $t > 0$ assez petit et x' voisin de x (car f est Lipschitz de constante L dans un voisinage de x).

Comme cela était attendu, $f^\circ(x\,;0) = 0$ et $f^\circ(x\,;\alpha\,d) = \alpha\,f^\circ(x\,;d)$ pour tout $\alpha > 0$. Plus surprenant, et essentiel pour la suite des évènements, est la propriété de *convexité* que voici :

Propriété 6.3

La fonction $d \in E \mapsto f^\circ(x\,;d)$ est convexe continue sur E. On a même :

$$\forall d \in E, \ |f^\circ(x\,;d)| \le L \, \|d\| \,, \qquad (6.6)$$

où L est une constante de Lipschitz pour f dans un voisinage de x.

<u>Démonstration.</u> Puisque $f^\circ(x\,;\cdot)$ est positivement homogène ($f^\circ(x\,;\alpha\,d) = \alpha\,f^\circ(x\,;d)$ pour tout $d \in E$ et tout $\alpha > 0$), la convexité de $f^\circ(x\,;\cdot)$ revient à sa sous-additivité. A-t-on

$$f^\circ(x;u+v) \le f^\circ(x;u) + f^\circ(x;v) \ ?$$

On a clairement :

$$
\begin{aligned}
f^\circ(x\,;u+v) &:= \limsup_{\substack{x' \to x \\ t \to 0^+}} \frac{f(x'+t\,u+t\,v) - f(x')}{t} \\[2mm]
&\le \limsup_{\substack{x' \to x \\ t \to 0^+}} \frac{f(x'+t\,u+t\,v) - f(x'+t\,u)}{t} \\[2mm]
&\quad + \limsup_{\substack{x' \to x \\ t \to 0^+}} \frac{f(x'+t\,u) - f(x')}{t} \\[2mm]
&\le f^\circ(x\,;v) + f^\circ(x\,;u).
\end{aligned}
$$

Comme le montre nettement la démonstration ci-dessus, c'est vraiment cette approche qui a consisté à aller voir "ce qui se passe autour de x" qui a permis d'accéder à la convexité de $f^\circ(x\,;\cdot)$.

La majoration (6.6) vient immédiatement du fait que

$$\left| \frac{f(x' + t\,d) - f(x')}{t} \right| \leq L \, \|d\|$$

pour $t > 0$ assez petit et x' voisin de x.   □

On aurait pu être tenté de prendre une limite inférieure au lieu d'une limite supérieure dans (6.5) :

$$f^{\Diamond}(x\,;d) := \liminf_{\substack{x' \to x \\ t \to 0^+}} \frac{f(x' + t\,d) - f(x')}{t} \,. \qquad (6.7)$$

Cela n'aurait pas changé le fond de l'affaire puisque

$$f^{\Diamond}(x\,;d) = -\,f^{\circ}(x\,;-d),$$

comme cela est aisé à vérifier. Rien de vraiment nouveau donc par rapport à $f^{\circ}(x\,;\cdot)$.

Signalons avant d'aller plus loin que la limite supérieure

$$f^{\circ}(x\,;d) := \limsup_{\substack{x' \to x \\ t \to 0^+}} \frac{f(x' + t\,d) - f(x')}{t} = \inf_{\substack{\varepsilon > 0 \\ r > 0}} \sup_{\substack{t \in \,]0,\varepsilon] \\ x' \in \overline{B}(x,r)}} \frac{f(x' + t\,d) - f(x')}{t}$$

est "atteinte" par une suite $(x_k) \to x$ et $(t_k) \to 0^+$, c'est-à-dire : Il existe une suite (x_k) convergeant vers x et une suite $(t_k > 0)$ convergeant vers 0 telles que

$$f^{\circ}(x\,;d) = \limsup_{k \to +\infty} \frac{f(x_k + t_k\,d) - f(x_k)}{t_k} \,.$$

Cela peut aider dans certaines démonstrations.

Propriétés 6.4

(i) $(x, d) \in E \times E \mapsto f^{\circ}(x\,;d)$ est semicontinue supérieurement (comme fonction de x *et* d donc). Cela signifie :

$$\forall\,(x_k) \to x, \; \forall (d_k) \to d, \; \limsup_{k \to +\infty} f^{\circ}(x_k\,;d_k) \leq f^{\circ}(x\,;d). \qquad (6.8)$$

(ii) "Symétrisation" :

$$\forall\,d \in E, \; (-f)^{\circ}(x\,;d) = f^{\circ}(x\,;-d). \qquad (6.9)$$

<u>Démonstration.</u> Contentons-nous de démontrer (6.9). Par définition,

$$f^\circ(x\,;-d) := \limsup_{\substack{x' \to x \\ t \to 0^+}} \frac{f(x'-td) - f(x')}{t}.$$

Avec le changement de variables $u := x' - t\,d$, le quotient différentiel ci-dessus n'est autre que

$$\frac{(-f)(u + t\,d) - (-f)(u)}{t}.$$

Prendre la limite supérieure quand $u \to x$ et $t \to 0^+$ permet de récupérer $(-f)^\circ(x\,;d)$ à l'arrivée. □

Puisque $f^\circ(x\,;\cdot)$ est automatiquement convexe et continue sur E (et même Lipschitz sur E), positivement homogène, il est tentant de considérer les formes linéaires continues minorant $f^\circ(x\,;\cdot)$. C'est précisément ce qui donne naissance au sous-différentiel généralisé (au sens de CLARKE) de f en x.

Définition 6.5 Le sous-différentiel généralisé de f en x, au sens de CLARKE, est

$$\partial^{\mathrm{Cl}} f(x) := \left\{ x^* \in E^* \mid \langle x^*, d \rangle \le f^\circ(x\,;d) \text{ pour tout } d \in E \right\}. \quad (6.10)$$

On aurait pu être tenté d'utiliser la fonction *concave* $f^\Diamond(x\,;\cdot)$ de (6.7) et les formes linéaires continues majorant $f^\Diamond(x\,;\cdot)$. Cela n'aurait rien changé *in fine* puisque, grâce à la relation $f^\Diamond(x\,;d) = -f^\circ(x\,;-d)$ (valable pour tout $d \in E$), il découle

$$\left\{ x^* \in E^* \mid \langle x^*, v \rangle \ge f^\Diamond(x\,;v) \text{ pour tout } v \in E \right\}$$
$$= \left\{ x^* \in E^* \mid \langle x^*, d \rangle \le f^\circ(x\,;d) \text{ pour tout } d \in E \right\}.$$

> Désormais, c'est toute la machinerie de l'Analyse convexe (Chapitre 4) qui va être appliquée à $\partial^{\mathrm{Cl}} f(x)$ *via* la fonction convexe $f^\circ(x\,;\cdot)$.

Énonçons en vrac quelques propriétés de $\partial^{\mathrm{Cl}} f$.

Propriétés 6.6

(i) $\partial^{\mathrm{Cl}} f(x)$ est un convexe $\sigma(E^*, E)$-compact non vide de E^*; sa fonction d'appui est $f^\circ(x\,;\cdot)$, *i.e.*

$$\forall d \in E, \quad f^\circ(x\,;d) = \sup_{x^* \in \partial^{\mathrm{Cl}} f(x)} \langle x^*, d \rangle. \quad (6.11)$$

(ii) Si f est continûment différentiable sur $\mathscr{O}$, alors :

$$\partial^{Cl} f(x) = \{D\,f(x)\} \text{ pour tout } x \in \mathscr{O}.$$

(iii) Si f est convexe et continue sur $\mathscr{O}$, alors

$$\partial^{Cl} f(x) = \partial f(x) \;[\text{le sous-différentiel de } f \text{ en } x, \text{ au sens de}$$
$$\text{l'Analyse convexe (Chapitre 4)}]\,.$$

(iv) Si $f = \max(f_1, \ldots, f_k)$, où chaque fonction f_i est continûment différentiable sur $\mathscr{O}$, alors :

$$\partial^{Cl} f(x) = \text{co}\,\{D\,f_i(x) \mid i \text{ tels que } f_i(x) = f(x)\}. \tag{6.12}$$

En raison de la propriété (iii) ci-dessus, on notera désormais $\partial f(x)$ (sans la référence Cl) le sous-différentiel généralisé de f en x. D'ailleurs, le vocable "sous-différentiel généralisé" doit être compris au sens de "généralisation de sous-différentiel"; il n'y a rien "qui vient par dessous" pas plus que "par dessus". L'appellation d'origine de CLARKE était "gradient généralisé".

Revenons au contexte de la dimension finie ($E = \mathbb{R}^n$) pour compléter ce que nous avions commencé à observer page 144.

Propriétés 6.7 Si $f : \mathscr{O} \subset \mathbb{R}^n \to \mathbb{R}$ est localement Lipschitz sur $\mathscr{O}$, alors, pour tout $x \in \mathscr{O}$:

$$\partial f(x) = \text{co}\,\underset{\rightarrow}{\nabla} f(x) \tag{6.13}$$
$$= \text{co}\,\{v \in \mathbb{R}^n \mid \exists\,(x_k) \to x,\ f \text{ différentiable en } x_k, \nabla f(x_k) \to v\}.$$
$$f^{\circ}(x\,;d) = \limsup_{x' \to x}\{\langle \nabla f(x'), d\rangle \mid f \text{ différentiable en } x'\}. \tag{6.14}$$

La propriété (6.13) permet de "voir" sur des exemples comment est fait $\partial f(x)$.

Une version un peu plus générale que (6.14) est comme suit. Supposons que f admette en tout point x' d'un voisinage de x, une dérivée directionnelle usuelle :

$$f'(x'\,;d) = \lim_{t \to 0^+} \frac{f'(x'+t\,d)-f'(x')}{t},\ d \in \mathbb{R}^n. \text{ Alors, pour tout } d \in \mathbb{R}^n,$$

$$f^{\circ}(x\,;d) = \limsup_{x' \to x} f'(x'\,;d). \tag{6.14 bis}$$

La dérivée directionnelle généralisée $f^{\circ}(x\,;\cdot)$ apparaît donc comme une "version régularisée (en allant regarder autour de x)" de la dérivée directionnelle usuelle $f'(x\,;\cdot)$.

Donnons quelques exemples d'illustrations diverses.

Exemple 6.8 Soit $f : x \in \mathbb{R} \mapsto f(x) = -|x|$. Alors, $\partial f(0) = [-1, +1]$.

De manière plus générale, si $f : \mathcal{O} \subset E \to \mathbb{R}$ est concave et continue sur $\mathcal{O}$, alors

$$\partial f(x) = \left\{ x^* \in E^* \mid f(y) \leq f(x) + \langle x^*, y - x \rangle \text{ pour tout } y \in E \right\},$$

c'est-à-dire le *sur-différentiel* de f en x.

Exemple 6.9 Soit $f : \mathbb{R} \to \mathbb{R}$ définie par :

$$f(x) = x^2 \sin\left(\frac{1}{x}\right) \text{ si } x \neq 0, \ f(0) = 0.$$

C'est l'exemple, connu de tous les agrégatifs, d'une fonction dérivable sur $\mathbb{R}$ mais pas continûment dérivable sur $\mathbb{R}$. De fait,

$$f'(x) = 2x \sin\left(\frac{1}{x}\right) - \cos\left(\frac{1}{x}\right) \text{ si } x \neq 0, \qquad (6.15)$$

laquelle dérivée n'a pas de limite quand $x \to 0$.
Or, f est localement Lipschitz sur $\mathbb{R}$ (ceci est facile à voir, grâce au fait que f' est localement bornée). Un calcul simple à partir de (6.15) montre que

$$\left\{ v \in \mathbb{R} \mid \exists (x_k) \to 0, \ f'(x_k) \to v \right\} = [-1, +1],$$

d'où $\partial f(0) = [-1, +1]$. Ainsi, alors que $f'(0) = 0$, $\partial f(0)$ récupère en quelque sorte l'information sur l'oscillation de $f'(x)$ autour de 0.

D'une manière plus générale, si la fonction localement Lipschitz $f : \mathcal{O} \subset E \to \mathbb{R}$ est FRÉCHET-différentiable en $x \in \mathcal{O}$, $Df(x) \in \partial f(x)$. Ceci n'est pas véritablement une faiblesse car, rappelons-nous (Propriétés 6.6, (ii)) $\partial f(x) = \{Df(x)\}$ en tout $x \in \mathcal{O}$ lorsque f est continûment différentiable sur $\mathcal{O}$.[1]

---

[1] Pour être tout à fait précis, c'est un renforcement de la Fréchet-différentiabilité en x, appelée *stricte différentiabilité* de f en x, qui assure que $\partial f(x)$ est un singleton. Définition : f est dite strictement différentiable en x s'il existe $l^* \in E^*$ telle que

$$\frac{f(y) - f(z) - \langle l^*, y - z \rangle}{\|y - z\|} \to 0 \text{ quand } y \to x, \ z \to x, \ y \neq z.$$

Cette définition, dans le cas des fonctions de la variable réelle, remonte à G. PEANO (1892) qui estimait qu'elle "*rendait compte du concept de dérivée utilisée dans les sciences physiques beaucoup mieux que ne le faisait la définition de la dérivée usuelle*". Si f est différentiable dans un voisinage de x, la stricte différentiabilité de f en x équivaut au fait que Df est

Exemple 6.10 Soit g : $[0, 1]$ → $\mathbb{R}$ continue. Quand on était petit on a appris que la fonction f : $x \in [0, 1] \mapsto f(x) := \int_0^x g(t)\,\mathrm{d}t$ est continûment dérivable, avec $f'(x) = g(x)$.

Soit à présent g un élément de $L^\infty([0, 1], \mathbb{R})$. On définit alors f : $[0, 1] \to \mathbb{R}$ comme au-dessus : $f(x) = \int_0^x g(t)\,\mathrm{d}t$. Il est facile de voir que f est Lipschitz sur $[0, 1]$. Question : que récupère alors $\partial f(x)$? Voici la réponse. Posons :

$$\underline{g}_\sigma(x_0) = \operatorname*{ess.inf}_{|x-x_0|<\sigma} g(x), \ \overline{g}_\sigma(x_0) = \operatorname*{ess.sup}_{|x-x_0|<\sigma} g(x), \ \text{pour } \sigma > 0,$$

puis

$$\underline{g}(x_0) = \lim_{\sigma \to 0^+} \underline{g}_\sigma(x_0), \ \overline{g}(x_0) = \lim_{\sigma \to 0^+} \overline{g}_\sigma(x_0).$$

Alors,

$$\partial f(x_0) = \left[\underline{g}(x_0), \overline{g}(x_0)\right].$$

Exemple 6.11 Soit H un espace de Hilbert et S une partie fermée non vide de H. Nous avons vu au § 2.2 du Chapitre 2 l'importance de la fonction-distance à S, d_S, et de ses associés $(\frac{1}{2} d_S^2, \ \varphi_S, \ \Delta_S)$. Or, la fonction d_S est toujours Lipschitz sur H (avec $L = 1$ comme constante de Lipschitz). C'est donc le moment de se familiariser avec le sous-différentiel généralisé $\partial\, d_S(x)$ de d_S en des points $x \notin S$ et $x \in \operatorname{Fr} S$. Le lecteur-étudiant est invité à traiter des exemples simples dans $\mathbb{R}^2$ ou $\mathbb{R}^3$ pour voir comment se construit $\partial\, d_S(x)$ et les convexes compacts particuliers qu'on en tire (en particulier, $\partial\, d_S(x) \subset \overline{B}(0, 1)$).

1.2 Sous-différentiels généralisés au sens de CLARKE : Règles de calcul basiques

Les règles de calcul basiques sur les sous-différentiels généralisés sont directement dérivées des règles de calcul sur les sous-différentiels de fonctions convexes (du Chapitre 4). En effet, $\partial f(x)$ est le sous-différentiel en 0 de la fonction convexe positivement homogène $f^\circ(x\,;\,\cdot)$:

---

continue en x. Ainsi :

$(f$ est strictement différentiable sur $\mathcal{O}) \Leftrightarrow (f$ est continûment différentiable sur $\mathcal{O})$.

$$x^* \in \partial f(x) \Leftrightarrow f^\circ(x\,;d) \geq f^\circ(x\,;0) + \langle x^*, d - 0 \rangle \text{ pour tout } d \in E.$$

L'établissement des règles de calcul suit donc le cheminement suivant :

- Démontrer en premier lieu des relations d'inégalité entre dérivées directionnelles généralisées ;
- Appliquer les règles de calcul sous-différentiel (de fonctions convexes) à ces fonctions dérivées directionnelles généralisées ;
- En déduire des règles de comparaison, sous forme d'inclusions, entre sous-différentiels généralisés.

Règles de calcul 6.12

Toutes les fonctions en jeu sont localement Lipschitz, bien entendu.

(i) $\partial(\alpha f)(x) = \alpha\,\partial f(x)$ pour tout $\alpha \in \mathbb{R}$. En particulier,

$$\partial(-f)(x) = -\partial f(x). \tag{6.16}$$

(ii)

$$\partial(f + g)(x) \subset \partial f(x) + \partial g(x). \tag{6.17}$$

(iii) Si $\bar{x}$ est un minimiseur local ou un maximiseur local de f, alors :

$$0 \in \partial f(\bar{x}). \tag{6.18}$$

(iv) "Semicontinuité extérieure" de la multiapplication $\partial f : E \rightrightarrows E^*$:

$$\left. \begin{array}{l} \text{Si } (x_k) \to x,\ x_k^* \in \partial f(x_k) \\ \text{et si } x_k^* \to x^* \text{(pour la topologie faible} - *,\ \sigma(E^*, E)), \\ \text{alors } x^* \in \partial f(x). \end{array} \right\} \tag{6.19}$$

(v) Théorème des accroissements finis (ou de la valeur moyenne) : Supposons $[x, y] \subset \mathscr{O}$; il existe alors $t \in \,]0, 1[$ tel que

$$f(y) - f(x) \in \langle \partial f[x + t(y - x)], y - x \rangle \tag{6.20}$$
$$\left(:= \left\{ \langle x^*, y - x \rangle \mid x^* \in \partial f[x + t(y - x)] \right\} \right).$$

(vi) Si $f = \max(f_1, \ldots, f_k)$,

$$\partial f(x) \subset \text{co}\left\{ \partial f_i(x) \mid i \text{ tels que } f_i(x) = f(x) \right\}. \tag{6.21}$$

(vii) Un exemple de règle de calcul sur fonctions composées : Supposons que $f = g \circ F$, avec F continûment différentiable sur $\mathscr{O}_1$ et g localement Lipschitz sur $\mathscr{O}_2$. Alors :

$$\partial f(x) \subset [DF(x)]^* \, \partial g[F(x)], \tag{6.22}$$

où $[DF(x)]^* : E_2^* \to E_1^*$ désigne l'adjointe de la différentielle $DF(x)$ $\in \mathscr{L}(E_1, E_2)$.

Il y a égalité en (6.22) lorsque $DF(x)$ est surjective.

Démonstrations. Nous n'en esquisserons que quelques-unes pour illustrer le cheminement présenté plus haut.

(i) Pour démontrer (6.16), on utilise le fait que $(-f)^\circ(x \, ; d) = f^\circ(x \, ; -d)$ pour tout $d \in E$.

(ii) On commence par démontrer que

$$(f + g)^\circ(x \, ; d) \leq f^\circ(x \, ; d) + g^\circ(x \, ; d) \text{ pour tout } d \in E.$$

(iii) En un point $\bar{x}$ minimiseur local de f,

$$f^\circ(\bar{x} \, ; d) \geq 0 \text{ pour tout } d \in E.$$

(iv) On commence par démontrer que

$$f^\circ(\bar{x} \, ; d) \leq \max \left\{ f_i^\circ(\bar{x} \, ; d) \mid i \text{ tels que } f_i(\bar{x}) = f(\bar{x}) \right\} \text{ pour tout } d \in E.$$

Etc.   □

Quelques commentaires avant d'aller plus loin :

– L'inclusion (6.17), et non l'égalité, peut surprendre. En fait, il n'en est rien, c'est l'égalité qui aurait été étonnante, vu la généralité des fonctions en jeu et la manière "tarabiscotée" dont le sous-différentiel généralisé est construit. Pour prendre un exemple simple, si $f(x) = -g(x) = |x|$,

$$\partial f(0) = \partial g(0) = [-1, +1], \text{ alors que } \partial(f + g)(0) = \{0\}.$$

– Si $f = g - h$, avec g et h convexes, la condition d'optimalité (6.18) doit faire écho à ce que nous avons vu au § 3 du Chapitre 5 (le modèle diff-convexe) : Si $\bar{x}$ est un minimiseur local ou un maximiseur local de $f = g - h$, alors

$$0 \in \partial f(\bar{x}) \subset \partial g(\bar{x}) - \partial h(\bar{x}),$$

c'est-à-dire : $\partial g(\bar{x}) \cap \partial h(\bar{x}) \neq \emptyset$. C'est précisément cette définition que nous avons adoptée pour un point T-critique (ou T-stationnaire) de $f = g - h$.

– La relation (6.20) est très simple, et pourtant elle est très utile, ne serait-ce qu'en algorithmique où on est fréquemment en situation de comparer $f(x_k + t_k d_k)$ à $f(x_k)$. Or

$$f(x_k + t_k d_k) = f(x_k) + t_k \langle s_k, d_k \rangle,$$

où $s_k \in \partial f(\theta_k)$ et θ_k est un point intermédiaire entre x_k et $x_k + t_k d_k$.

– Avoir des égalités dans les inclusions des règles de calcul 6.12 requiert, *a priori*, des hypothèses fortes sur le comportement des fonctions au voisinage de x. L'une d'entre elles est que, pour les fonctions f en jeu, la dérivée directionnelle usuelle $f'(x ; \cdot)$ existe et coïncide avec la dérivée directionnelle généralisée $f^{\circ}(x ; \cdot)$. Certes, ceci est vérifié pour les fonctions continûment différentiables ou les fonctions convexes, mais a peu de chances de l'être pour une fonction non convexe qui ne serait pas différentiable en x.

1.3 Un exemple d'utilisation des sous-différentiels généralisés : les conditions nécessaires d'optimalité dans un problème d'optimisation avec contraintes

Considérons, même si ce n'est pas un contexte aussi général que souhaité, un problème d'optimisation avec des contraintes inégalités :

$$(\mathscr{P}) \begin{cases} \text{Minimiser } f(x) \\ g_1(x) \leq 0, \ldots, g_p(x) \leq 0 \text{ (ensemble contrainte noté S).} \end{cases}$$

Dans le monde différentiable, c'est-à-dire celui où toutes les données f, $g_1, \ldots, g_k : E \to \mathbb{R}$ sont des fonctions différentiables, et même continûment différentiables, les conditions nécessaires d'optimalité (du 1er ordre) prennent les formes que voici.

Conditions à la F. JOHN. Si $\bar{x} \in S$ est un minimiseur local de f sur S, alors il existe $\bar{\mu}_0$, $\bar{\mu}_i$ ($i \in I(\bar{x})$), positifs et non tous nuls tels que :

$$\bar{\mu}_0 Df(\bar{x}) + \sum_{i \in I(\bar{x})} \bar{\mu}_i Dg_i(\bar{x}) = 0. \tag{6.23}$$

Ici, $I(\bar{x}) = \{i \mid g_i(\bar{x}) = 0\}$, la somme sur $I(\bar{x})$ vaut 0 si $I(\bar{x}) = \emptyset$.
Des conditions, dites de qualification des contraintes en $\bar{x}$ (conditions aux énoncés très variés) assurent que $\bar{\mu}_0$ peut être choisi $\neq 0$ dans l'énoncé précédent. Un exemple de condition de qualification des contraintes est :

(QC)$_{\bar{x}}$ Il existe d tel que $\langle Dg_i(\bar{x}), d \rangle < 0$ pour tout $i \in I(\bar{x})$.

Auquel cas nous avons accès à :

Conditions à la KARUSH-KUHN-TUCKER (KKT). Si $\bar{x}$ est un minimiseur local de f sur S, et si une condition comme (QC)$_{\bar{x}}$ est satisfaite, il existe alors des $\bar{\mu}_i$, $i \in I(\bar{x})$, tels que :

$$Df(\bar{x}) + \sum_{i \in I(\bar{x})} \bar{\mu}_i \, Dg_i(\bar{x}) = 0. \tag{6.24}$$

Dans le cas où les données $f, g_1, \ldots, g_p$ dans $(\mathscr{P})$ sont simplement localement Lipschitz, on a, comme on pouvait s'y attendre, des conditions nécessaires d'optimalité où les différentielles $D\varphi$ sont remplacées par des sous-différentiels généralisés $\partial\varphi$. Ceci a déjà été vu dans le cas d'un problème d'optimisation sans contraintes (*cf.* (iii) des Règles de calcul 6.12).

Théorème 6.13 (à la F. JOHN) Si $\bar{x} \in S$ est un minimiseur local de f sur S, il existe alors $\bar{\mu}_0$, $\bar{\mu}_i$ ($i \in I(\bar{x})$) positifs et non tous nuls tels que :

$$0 \in \bar{\mu}_0 \, \partial f(\bar{x}) + \sum_{i \in I(\bar{x})} \bar{\mu}_i \, \partial g_i(\bar{x}) = 0. \tag{6.25}$$

Théorème 6.14 (à la KKT) Si $\bar{x} \in S$ est un minimiseur local de f sur S, et si, par exemple, on suppose

(QC)$_{\bar{x}}$ Il existe d tel que $g_i^\circ(\bar{x}\,;d) < 0$ pour tout $i \in I(\bar{x})$,

alors il existe des $\bar{\mu}_i$, $i \in I(\bar{x})$ tels que :

$$0 \in \partial f(\bar{x}) + \sum_{i \in I(\bar{x})} \bar{\mu}_i \, \partial g_i(\bar{x}). \tag{6.26}$$

Démonstrations. Nous démontrons les deux théorèmes, l'un à la suite de l'autre. La technique de démonstration a ceci d'intéressant qu'elle fait appel elle-même à une "construction non différentiable" (et donc n'apparaissant pas dans le monde de l'optimisation différentiable).
Par hypothèse, il existe un voisinage de $\bar{x}$, appelons-le V, tel que

$$f(x) \geq f(\bar{x}) \text{ pour tout } x \in V \cap S. \tag{6.27}$$

Considérons à présent

$$\theta(x) := \max \left\{ f(x) - f(\bar{x}), \ g_i(x), \ i = 1, \dots, p \right\}.$$

Les données au départ, $f, g_1, \dots, g_p$, étant déjà non différentiables, cette "prise de max" (une construction hautement non différentiable) n'ajoute pas de complexité à notre affaire.

Alors :
- Pour $x \in V \cap S$, $\theta(x) \geq \theta(\bar{x}) = 0$ [en raison de (6.27)] ;
- Pour $x \in V$, $x \notin S$, il existe $i \in \{1, \dots, p\}$ tel que $g_i(x) > 0$, d'où $\theta(x) \geq 0$.

En somme,

$$\theta(x) \geq \theta(\bar{x}) = 0 \text{ pour tout } x \in V.$$

Se rappelant alors les résultats (iii) et (iv) des Règles de calcul 6.12, on a

$$0 \in \partial g(\bar{x}) \subset \operatorname{co} \left\{ \partial f(\bar{x}), \ \partial g_i(\bar{x}), \ i \in I(\bar{x}) \right\},$$

d'où l'existence de coefficients de combinaisons convexes,

$$\bar{\mu}_0 \geq 0, \ \bar{\mu}_i \geq 0 \text{ pour tout } i \in I(\bar{x}), \ \bar{\mu}_0 + \sum_{i \in I(\bar{x})} \bar{\mu}_i = 1,$$

tels que

$$0 \in \bar{\mu}_0 \, \partial f(\bar{x}) + \sum_{i \in I(\bar{x})} \bar{\mu}_i \, \partial g_i(\bar{x}).$$

Le Théorème 6.13 est ainsi démontré.

Supposons maintenant (QC)$_{\bar{x}}$ et raisonnons par l'absurde : $\bar{\mu}_0 = 0$ dans la relation (6.25). On a alors :

$$\bar{\mu}_i \geq 0, i \in I(\bar{x}), \ \text{non tous nuls et } 0 \in \sum_{i \in I(\bar{x})} \bar{\mu}_i \, \partial g_i(\bar{x}).$$

Cela induit

$$\sum_{i \in I(\bar{x})} \bar{\mu}_i \, g_i^\circ(\bar{x} ; d) \geq \left(\sum_{i \in I(\bar{x})} \bar{\mu}_i \, g_i \right)^\circ (\bar{x} ; d) \geq 0 \text{ pour tout } d \in E.$$

En choisissant la direction d apparaissant dans (QC)$_{\bar{x}}$ et se souvenant que les $\bar{\mu}_i$, $i \in I(\bar{x})$, sont ≥ 0 et ne sont pas tous nuls, on arrive à une contradiction. Donc $\bar{\mu}_0$ ne peut être nul. Le Théorème 6.14 est démontré. $\qquad \square$

1.4 En route vers la géométrie non lisse

Il est recommandé à l'étudiant-lecteur de relire le § 2.2 du Chapitre 2 et le § 4 du Chapitre 3. Comme dans ces paragraphes le contexte était hilbertien, convenons que pour cette section l'espace de travail est un espace de Hilbert H.

Soit S une partie fermée de H et $x \in S$, plus spécifiquement $x \in \operatorname{Fr} S$. Il y a maintenant plusieurs voies possibles pour définir un cône tangent généralisé et un cône normal généralisé à C en x. Nous adoptons l'une de ces voies, celle qui consiste à commencer par le cône tangent, comme ce fut le cas au § 4.1 du Chapitre 3.

Définition 6.15 Soit $d \in H$. Cette direction d est dite tangente à S en $x \in S$ (au sens de Clarke) lorsqu'une des assertions équivalentes ci-dessous est vérifiée :

(i)

$$d \in \left[\overline{\mathbb{R}_+ \, \partial d_S(x)} \right]^{\circ} . \tag{6.28}$$

(ii) $\forall (x_n) \subset S$ qui converge vers x, $\forall (t_n) > 0$ qui tend vers 0, $\exists (d_n)$ qui tend vers d tel que

$$x_n + t_n \, d_n \in S \text{ pour tout } n. \tag{6.29}$$

(iii)

$$d_S^{\circ}(x \, ; d) = \limsup_{\substack{x' \to x \\ t \to 0^+}} \frac{d_S(x' + t \, d)}{t} = 0. \tag{6.30}$$

L'ensemble des directions tangentes à S en x est appelé cône tangent de Clarke à S en x, et noté $\mathrm{T}^{\mathrm{Cl}}(S, x)$ (ou bien $\mathrm{T}_S^{\mathrm{Cl}}(x)$).

Le cône normal de CLARKE à S en x est alors naturellement défini comme étant le cône polaire du cône tangent :

$$\mathrm{N}^{\mathrm{Cl}}(S, x) = \left[\mathrm{T}^{\mathrm{Cl}}(S, x) \right]^{\circ} \ (= \overline{\mathbb{R}_+ \partial d_S(x)} \text{ d'après (6.28))}. \tag{6.31}$$

Dans le cas où S est convexe, on retrouve les notions de cône tangent et de cône normal vues au § 4.1 du Chapitre 3, ne serait-ce que parce que $d_S^{\circ}(x \, ; \cdot) = d_S'(x \, ; \cdot)$ dans ce cas. Nous laissons donc tomber la référence à Cl dans les notations.

Retenons en résumé :

En chaque point x de S (de Fr S plus précisément), il y a deux cônes convexes fermés mutuellement polaires qui sont définis :

$$T(S, x) : \text{le cône tangent à } S \text{ en } x;$$
$$N(S, x) : \text{le cône normal à } S \text{ en } x.$$

Avertissement. Vu la généralité du contexte dans lequel ces deux concepts sont définis (S est un fermé quelconque de H !), on ne peut pas s'attendre à ce que les notions de tangence ou de normalité à S soient toujours très précises ou informatives.

Signalons néanmoins la condition nécessaire d'optimalité que voici. Considérons le problème de minimisation suivant :

$$(\mathscr{P}) \begin{cases} \text{Minimiser } f(x) \\ x \in S, \end{cases}$$

où $f : H \to \mathbb{R}$ est localement Lipschitz et $S \subset H$ un fermé.

Théorème 6.16 (condition nécessaire d'optimalité)
Si $\bar{x} \in S$ est un minimiseur local de f sur S, alors :

$$0 \in \partial f(\bar{x}) + N(S, \bar{x}). \tag{6.32}$$

<u>Démonstration</u> (Esquisse). On vérifie que $\bar{x}$ est un minimiseur local (sans contrainte) de la fonction "pénalisée" $f + L\, d_S$, où L est une constante de Lipschitz de f au voisinage de $\bar{x}$. Par suite (*cf.* Règles de calcul 6.12) :

$$0 \in \partial(f + L\, d_S)(\bar{x}) \subset \partial f(\bar{x}) + \mathbb{R}_+ \, \partial d_S(\bar{x})$$
$$\subset \partial f(\bar{x}) + N(S, \bar{x}). \qquad \square$$

Remarque : Soit S représenté sous forme de contraintes inégalités :

$$S = \{x \in H \mid g_1(x) \le 0, \dots, g_p(x) \le 0\},$$

où les $g_i : H \to \mathbb{R}$ sont localement Lipschitz. Soit $\bar{x} \in S$ et supposons

$(QC)_{\bar{x}}$ Il existe d tel que $g_i^\circ(\bar{x}\,; d) < 0$ pour tout $i \in I(\bar{x})$.

On démontre alors – et ce n'est pas très difficile – l'inclusion suivante :

$$N(S, \bar{x}) \subset \sum_{i \in I(\bar{x})} \mathbb{R}_+ \, \partial g_i(\bar{x}).$$

Ainsi, la condition d'optimalité (6.32) conduit à la condition d'optimalité (6.26).
Comme quoi,

>*"Tout est dans tout et réciproquement"* (Pierre DAC).

2 Sous-différentiation généralisée de fonctions s.c.i. à valeurs dans $\mathbb{R} \cup \{+\infty\}$

Comme cela a été indiqué dans l'introduction du chapitre, le désir d'établir des conditions nécessaires d'optimalité dans des problèmes variationnels ou d'optimisation formulés de manière abstraite et générale conduit à se préoccuper de la sous-différentiation généralisée de fonctions

$$f : E \to \mathbb{R} \cup \{+\infty\}$$

et donc non localement Lipschitz ni même finies sur E. On considérera tout de même que $(E, \|\cdot\|)$ est un espace de Banach (il deviendra rapidement plus précis que cela) et que f est s.c.i. sur E (avec tout ce que cela induit comme propriétés, *cf.* Chapitre 1). Nous présentons un choix de quatre de ces sous-différentiels généralisés, puis les règles de va-et-vient entre l'Analyse et la Géométrie (non lisses), et enfin un exemple de problème d'optimisation où la fonction-objectif à minimiser est s.c.i. et rien de plus.

2.1 Un panel de sous-différentiels généralisés

Dans toute la suite, le point de sous-différentiation généralisée considéré x est un point en lequel f est finie ($x \in \operatorname{dom} f$, si on préfère).

• Le sous-différentiel généralisé (ou gradient généralisé) de Clarke

Le concept proposé étend celui établi en 1ère partie pour les fonctions localement Lipschitz. Sans entrer dans les détails de pourquoi et comment on arrive à cela, nous commençons par définir la dérivée directionnelle généralisée :

$$d \in E \mapsto f^{\circ}(x\,;d) = \lim_{\varepsilon \to 0^+} \ \limsup_{\substack{x' \to x \\ f(x') \to f(x) \\ t \to 0^+}} \ \inf_{\|v-d\| \leq \varepsilon} \frac{f(x'+t\,v) - f(x')}{t}.$$

$$(6.33)$$

La " $\lim_{\varepsilon \to 0^+}$ " peut être remplacée par "$\sup_{\varepsilon > 0}$". Reconnaissons que l'expression de $f^{\circ}(x\,;d)$ dans (6.33) n'est pas très appétissante... C'est le prix à payer pour un concept jouissant de règles de calcul robustes pour des fonctions considérées f si générales. Comme sous-produit, nous définissons

$$\partial^{Cl} f(x) = \left\{ x^* \in E^* \mid \langle x^*, d \rangle \leq f^\circ(x\,;d) \text{ pour tout } d \in E \right\}. \quad (6.34)$$

Il se trouve que, lorsque $\partial^{Cl} f(x) \neq \emptyset$, $f^\circ(x\,;\cdot)$ est la fonction d'appui de l'ensemble $\partial^{Cl} f(x)$. Avec la figure ci-jointe, on comprend aisément pourquoi c'est "$x' \to x$ et $f(x') \to f(x)$" qui apparaît dans la construction de $f^\circ(x\,;d)$ dans (6.33) (il faut vraiment qu'on s'approche de $(x, f(x))$ *via* le graphe ou l'épigraphe de f).

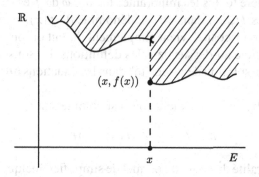

Comme pour les fonctions localement Lipschitz, on laissera tomber la référence Cl dans le graphisme désignant le sous-différentiel généralisé (ou gradient généralisé) de Clarke (définition (6.34)).

• Le sous-différentiel généralisé au sens de Fréchet

En raison de la ressemblance avec la définition de différentiabilité de f en x au sens de Fréchet, on dit que f est sous-différentiable au sens de Fréchet (ou F-sous-différentiable) en x s'il existe $x^* \in E^*$ tel que

$$\liminf_{d \to 0} \frac{f(x+d) - f(x) - \langle x^*, d \rangle}{\|d\|} \geq 0. \quad (6.35)$$

L'ensemble des x^* vérifiant ceci est appelé le F-sous-différentiel de f en x et est noté $\partial^F f(x)$. Comme on s'y attend, si f est Fréchet-différentiable en x, $\partial^F f(x)$ ne contient qu'un seul élément : $D_F f(x)$.

Une autre manière d'exprimer que $x^* \in \partial^F f(x)$, plus proche de celles qui vont suivre, est comme suit : Pour tout $\varepsilon > 0$, il existe un voisinage $B(x, \delta)$ de x tel que

$$f(x') \geq f(x) + \langle x^*, x' - x \rangle - \varepsilon \|x' - x\| \text{ pour tout } x' \in B(x, \delta).$$

• Le sous-différentiel généralisé au sens de viscosité

Cette nouvelle définition est une légère variante de la précédente. La fonction f est dite sous-différentiable au sens de viscosité en x (ou V-sous-différentiable) s'il existe une fonction $\varphi \in \mathscr{C}^1(E)$ telle que

$$f(x) = \varphi(x), \ f(x') \geq \varphi(x') \text{ pour tout } x' \text{dans un voisinage de } x. \quad (6.36)$$

La collection des $D\varphi(x)$ pour des fonctions φ comme au-dessus est appelée le V-sous-différentiel de f en x et est notée $\partial^V f(x)$.

Les fonctions φ sont comme les fonctions tests dans la théorie des distributions : on considère toutes les minorantes locales φ de f et on ramasse toutes les différentielles $D\varphi(x)$ dans un sac dénommé $\partial^V f(x)$.

L'appellation "de viscosité" vient simplement du fait qu'on utilise des fonctions tests φ comme au-dessus dans les définitions de "sous-solution de viscosité" et de "sur-solution de viscosité" dans les équations dites de Hamilton-Jacobi-Bellman.

Un premier enchaînement d'inclusions est comme suit :

$$\partial^V f(x) \subset \partial^F f(x) \subset \partial f(x). \quad (6.37)$$

Réduire la généralité du contexte permet de simplifier quelque peu les choses. On dit que $(E, \|\cdot\|)$ est Fréchet-lisse s'il existe sur E une norme équivalente à $\|\cdot\|$ qui soit différentiable sur E, à part en 0 bien sûr (où une norme n'est jamais différentiable). C'est le cas de tous les espaces L^p (avec leurs normes habituelles), de tous les espaces de Hilbert (avec les normes hilbertiennes dérivées des produits scalaires). De plus, un espace de Banach réflexif peut être renormé avec une norme équivalente jouissant de la propriété de différentiabilité requise. On a alors la propriété suivante : si $(E, \|\cdot\|)$ est Fréchet-lisse, $\partial^V f = \partial^F f$; ouf, toujours ça de gagné !

• Le sous-différentiel généralisé proximal

Supposons que le contexte de travail soit celui d'un espace de Hilbert H. On dit que f est sous-différentiable au sens proximal en x s'il existe $x^* \in H$ et $r > 0$ tels que

$$f(x') \geq f(x) + \langle x^*, x' - x \rangle - r \left\| x' - x \right\|^2 \quad (6.38)$$

pour tout x' dans un voisinage de x. Géométriquement, cela signifie qu'on a considéré des minorantes locales $x' \mapsto f(x) + \langle x^*, x' - x \rangle - r \left\| x' - x \right\|^2$ de f qui sont quadratiques.

L'ensemble des x^* pour lesquels la propriété au-dessus est satisfaite est appelé le sous-différentiel généralisé proximal de f en x et est noté $\partial^{\text{prox}} f(x)$. Ceci nous ramène à bien des choses étudiées au § 2 du Chapitre 2.

Pour faire une schéma-résumé, considérons donc un *espace de Hilbert H*, $f : H \to \mathbb{R} \cup \{+\infty\}$ *s.c.i. et* $x \in \text{dom } f$. Alors :

$$\partial^{\text{prox}} f(x) \subset \partial^{\text{V}} f(x) = \partial^{\text{F}} f(x) \subset \partial f(x). \qquad (6.39)$$

Comme sous-produit des résultats du § 2.1 du Chapitre 2, mentionnons le résultat de densité suivant : Si $f \in H \to \mathbb{R} \cup \{+\infty\}$ est s.c.i. et bornée inférieurement sur H, alors

$$\{x \in \text{dom} f \mid \partial^{\text{prox}} f(x) \neq \emptyset\} \text{ est dense dans dom} f. \qquad (6.40)$$

Il va sans dire que le résultat attendu suivant est vrai : si $\bar{x}$ est un minimiseur local de f, alors $0 \in \partial^{\text{prox}} f(\bar{x})$.

2.2 Les règles de va-et-vient entre Analyse et Géométrie non lisses

Soit H un espace de Hilbert et $f : H \to \mathbb{R}$ continûment différentiable sur H. Le graphe de f, $\{(x, y) \in H \times \mathbb{R} \mid y = f(x)\}$ est l'ensemble de niveau (au niveau 0) de la fonction

$$(x, y) \in H \times \mathbb{R} \mapsto h(x, y) := f(x) - y.$$

Quand on était petit on a appris qu'alors la "normale" à cet ensemble de niveau au point $(x, y = f(x))$ était dirigée par $\nabla h(x, y) = (\nabla f(x), -1)$.

Ayant défini une "normalité" à $S = \text{epi } f$ en $(x, f(x))$, comme cela a été fait à la Section 1.4 de la 1ère partie, on aurait pu définir un sous-différentiel généralisé de f en x comme suit :

$$\partial f(x) = \{x^* \in H \mid (x^*, -1) \in N_{\text{epi } f} (x, f(x))\}. \qquad (6.41)$$

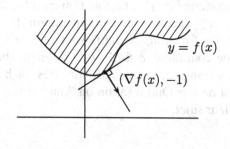

Il se trouve – mais ce n'est pas immédiat à démontrer – qu'on obtient exactement le sous-différentiel généralisé de Clarke. D'où une première règle s'appliquant à toutes les "normalités" imaginables :

> Dès qu'on a une notion de normalité à un ensemble, on a une notion de sous-différentiabilité à une fonction.

Le cheminement inverse peut également être envisagé : avec la fonction $f = i_S$ (indicatrice de S), on peut définir en $x \in S$

$$N(S, x) = \partial(i_S)(x).$$

Ainsi, deuxième règle s'appliquant à toutes les sous-différentiations généralisées imaginables :

> Dès qu'on a une notion de sous-différentiation généralisée pour des fonctions éventuellement à valeurs $+\infty$, on a une notion de normalité à un ensemble.

Exemples.
Un exemple important de problèmes d'optimisation évoqué dès le § 2.2 du Chapitre 1 est celui de la minimisation du rang d'une matrice :

$$(\mathscr{P}) \begin{cases} \text{Minimiser } f(A) := \text{rang de } A, \\ A \in \mathscr{C}, \end{cases}$$

où $\mathscr{C}$ est un ensemble fermé de $\mathscr{M}_{m,n}(\mathbb{R})$ (convexe le plus souvent).
$(\mathscr{P})$ est le cousin matriciel d'un problème posé dans $\mathbb{R}^p$, de formulation plus simple :

$$(Q) \begin{cases} \text{Minimiser } c(x) := \text{Card } \{i \mid x_i \neq 0\}, \\ x \in S, \end{cases}$$

où S est un ensemble fermé de $\mathbb{R}^p$. La fonction c est la "fonction de comptage", souvent noté $\| x \|_0$ (mais ce n'est pas une norme !)
Dans $(\mathscr{P})$ ou (Q), les fonctions-objectifs sont s.c.i. et à valeurs entières. Aucune propriété de continuité, *a fortiori* de différentiabilité, n'est accessible. Ces fonctions (rang, de comptage) sont très chahutées. Voici deux étrangetés (du point de vue Optimisation ou Analyse variationnelle) qu'on peut mentionner à leur sujet.

Proposition 6.17 Dans le problème d'optimisation ($\mathscr{P}$) (ou (Q)), tout point admissible est minimiseur local. <u>Démonstration.</u> Nous la faisons dans le cas du problème ($\mathscr{P}$). Les deux ingrédients essentiels sont la semicontinuité inférieure de $f : A \mapsto f(A) = $ rang de A et le fait que f ne puisse prendre qu'un nombre fini de valeurs.

Soit donc $A \in \mathscr{C}$. Puisque f est s.c.i. en A,

$$\liminf_{B \to A} f(B) \geq f(A).$$

D'une manière détaillée, pour tout $\varepsilon > 0$, il existe un voisinage V de A tel que

$$f(B) \geq f(A) - \varepsilon \text{ pour tout } B \in V. \tag{6.42}$$

Choisissons $\varepsilon < 1$, disons $\varepsilon = 1/2$. Puisque f ne peut prendre que des valeurs entières allant de 0 à $p := \min(m, n)$, nous déduisons de (6.42) :

$$f(B) \geq f(A) \text{ pour tout } B \in V \cap \mathscr{C}.$$

Ainsi, A est un minimiseur local de f sur $\mathscr{C}$. □

Qu'il y ait un ensemble-contrainte ou pas dans le problème ($\mathscr{P}$) ou (Q) n'affecte en rien le résultat de la Proposition 6.17.

Il a été vu à la fin du Chapitre 5 (Exercices 3 et 4) que des relaxations convexes de la fonction de comptage et de la fonction rang peuvent être explicitées.

Questions naturelles à présent : à quoi ressemblent les sous-différentiels généralisés de la fonction de comptage et de la fonction rang ? Nous fournissons la réponse pour la fonction de comptage seulement, mais elle est du même tonneau pour la fonction rang.

Théorème 6.18 Les sous-différentiels généralisés de la fonction de comptage c en $x \in \mathbb{R}^p$, au sens proximal, de Fréchet-viscosité, ou de Clarke, coïncident tous et ont pour valeur commune

$$\partial c(x) = \left\{ x^* = (x_1^*, \ldots, x_p^*) \in \mathbb{R}^p \mid x_i^* = 0 \text{ pour tout } i \notin I(x) \right\},$$

où $I(x) = \{i = 1, \ldots, p \text{ tels que } x_i = 0\}$.

<u>Démonstration.</u> Elle passe par l'évaluation de quotients différentiels de la forme $\frac{c(x'+d)-c(x')}{\|d\|}$, pour x' voisin de x, ou seulement pour $x' = x$, évaluation pouvant être explicitée en raison de la structure particulière de la fonction c.

Exercices

Exercice 1 (Comparaison locale de deux fonctions localement Lipschitz)

1) Soit f, $g : \mathcal{O} \subset E \to \mathbb{R}$ localement Lipschitz, soit $\bar{x} \in \mathcal{O}$. On suppose

$$\begin{cases} f(\bar{x}) = g(\bar{x}), \\ f(x) \geq g(x) \text{ dans un voisinage de } \bar{x}. \end{cases}$$

Montrer qu'alors $\partial f(\bar{x}) \cap \partial g(\bar{x}) \neq \emptyset$.

2) *Application.* Soit $f_1, \ldots, f_k : \mathcal{O} \subset E \to \mathbb{R}$ localement Lipschitz et $f :=$ $\max(f_1, \ldots, f_k)$.

Montrer que le sous-différentiel $\partial f(x)$, dont on sait déjà qu'il est inclus dans l'ensemble co $\{\partial f_i(x) \mid i \text{ tel que } f_i(x) = f(x)\}$, vérifie

$$\partial f(x) \cap \partial f_i(x) \neq \emptyset \text{ pour tout } i \text{ tel que } f_i(x) = f(x).$$

Exercice 2 (Sous-différentiel généralisé de $|f|$ *versus* celui de f)

Soit $f : \mathcal{O} \subset E \to \mathbb{R}$ localement Lipschitz et $x \in \mathcal{O}$ un point en lequel f s'annule. Montrer

$$\text{co } \{\partial |f|(x) \cup -\partial |f|(x)\} = \text{co } \{\partial f(x) \cup -\partial f(x)\};$$

bref, $\partial f(x)$ et $\partial |f|(x)$ ont la même "enveloppe convexe symétrisée".

Exercice 3 (Théorème de coïncidence ("squeeze theorem"))

Soit $f_1, \ldots, f_k : \mathcal{O} \subset E \to \mathbb{R}$ localement Lipschitz. On suppose :

$$\begin{cases} f_1 \geq f_2 \geq \ldots \geq f_k \text{ dans un voisinage de } \bar{x}; \\ f_1(\bar{x}) = f_2(\bar{x}) = \ldots = f_k(\bar{x}). \end{cases}$$

Montrer qu'alors $\partial f_1(\bar{x}) \cap \partial f_2(\bar{x}) \cap \ldots \cap \partial f_k(\bar{x}) \neq \emptyset$.

Exercice 4 (Prolongements lipschitziens)

Étant donné une partie non vide S de l'espace de Banach $(E, \|\cdot\|)$, on désigne par $L^{\text{ip}}(S)$ la classe des fonctions $f : E \to \mathbb{R}$ vérifiant une condition de Lipschitz sur S, c'est-à-dire vérifiant

$$|||f||| := \sup \left\{ \frac{|f(x) - f(y)|}{\|x - y\|} \;\middle|\; x \text{ et } y \text{ dans } S, \; x \neq y \right\} < +\infty.$$

1) Soit $f \in L^{\text{ip}}(S)$ et $k \geq |||f|||$. On pose :

$$\forall x \in E, \; f^{S,k}(x) = \sup_{u \in S} \{f(u) - k\|x - u\|\},$$

$$f_{S,k}(x) = \inf_{u \in S} \{f(u) + k\|x - u\|\}.$$

a) Montrer que $f^{S,k}$ et $f_{S,k}$ sont des fonctions Lipschitz sur tout l'espace E, avec k comme constante de Lipschitz, et qu'elles coïncident avec f sur S.

b) Soit g un prolongement k-Lipschitz de f, c'est-à-dire une fonction Lipschitz sur E (de constante de Lipschitz k) qui coïncide avec f sur S. Montrer que

$$f^{S,k} \leq g \leq f_{S,k}.$$

2) Soit f définie sur E par :

$$\forall x \in E, \ f(x) = -d_{S^c}(x),$$

où S^c désigne le complémentaire (supposé non vide) de S dans E. Quel est dans ce cas le prolongement $f_{S,1}$?

3) Soit S constitué d'un nombre fini de points de E, soit $f : E \to \mathbb{R}$ une fonction quelconque. Montrer qu'il existe une fonction g Lipschitz sur E vérifiant :

$$\forall s \in S, \ g(s) = f(s)$$

(interpolation d'une fonction quelconque par une fonction Lipschitz).

4) On suppose ici que S est fermé et que $k > 0$. Montrer que $\bar{x} \in S$ est un minimiseur global de f sur S si et seulement si $\bar{x}$ est un minimiseur global de $f_{S,k}$ sur E.

Donner alors deux formes de conditions nécessaires d'optimalité vérifiées par $\bar{x}$ (en termes de sous-différentiels généralisés).

Exercice 5 (Conditions suffisantes d'optimalité)

Soit $(E, \|\cdot\|)$ un espace de Banach et $f : E \to \mathbb{R}$ localement Lipschitz.

1) Soit C une partie convexe de E et $\bar{x} \in C$ vérifiant :

$$\forall x \in C, \ x^* \in \partial f(x), \ \langle x^*, x - \bar{x} \rangle \leq 0. \qquad (6.43)$$

a) Montrer que $\bar{x}$ est alors un minimiseur de f sur C.

b) Montrer que si l'inégalité dans (6.43) est stricte pour tout $x \in C, x \neq \bar{x}$, alors $\bar{x}$ est un minimiseur strict de f sur C (c'est-à-dire $f(x) > f(\bar{x})$ pour tout $x \in C, x \neq \bar{x}$).

c) Indiquer pourquoi la condition (6.43) est satisfaite dès que

$$f^\circ(x ; \bar{x} - x) \leq 0 \text{ pour tout } x \in C. \qquad (6.44)$$

2) On suppose ici que $E = \mathbb{R}^n$ et on désigne par Ω_f l'ensemble des points où f n'est pas différentiable.

On suppose :

$$\forall x \in \mathbb{R}^n \setminus \Omega_f, \ \langle \nabla f(x), \bar{x} - x \rangle \leq 0. \tag{6.45}$$

a) Montrer que $\bar{x}$ est un minimiseur de f sur $\mathbb{R}^n$.

b) L'inégalité stricte dans (6.45) pour tout $x \in \Omega_f$, $x \neq \bar{x}$, implique-t-elle que $\bar{x}$ est un minimiseur strict de f sur $\mathbb{R}^n$?

Exercice 6

Soit $f : \mathbb{R}^n \to \mathbb{R}$ s.c.i. On suppose que, pour tout $x \in \mathbb{R}^n$, le sous-différentiel généralisé proximal $\partial^{\text{prox}} f(x)$ est soit vide soit réduit à $\{0\}$. Montrer qu'alors la fonction f est constante sur $\mathbb{R}^n$.

La fonction de comptage c (cf. Théorème 6.18) est là pour montrer qu'on peut avoir $0 \in \partial^{\text{prox}} c(x)$ pour tout $x \in \mathbb{R}^n$, et avoir une fonction extrêmement chahutée.

Références

[CLSW] F.H. Clarke, Yu.S. Ledyaev, R.J. Stern and P.R. Wolenski. *Nonsmooth Analysis and Control Theory*. Graduate texts in mathematics, Springer Verlag, 1998.

[S] W. Shirotzek. *Nonsmooth Analysis*. Universitext, Springer Verlag, 2007.

[BZ] J.M. Borwein and Q.J. Zhu. *Techniques of Variational Analysis*. CMS books in mathematics, Springer Verlag, 2005.

[C2] F.H. Clarke. *Optimization and Nonsmooth Analysis*. Wiley, 1983. Reprinted by SIAM (Classics in Applied Mathematics), 1990

[BL] J.M. Borwein and A.S. Lewis. *Convex Analysis and Nonlinear Optimization*. CMS books in mathematics, Springer Verlag, 2000.

[RW] R.T. Rockafellar and R.J.-B. Wets. *Variational Analysis*. Springer Verlag, 1998.

[HUL] J.-B. Hiriart-Urruty and A.S. Lewis. "The Clarke and Michel-Penot subdifferentials of the eigenvalues of a symmetric matrix". *Computational Optimization and Applications* Vol. 13, 1–3 (1999), p. 13–23.

[MP] Ph. Michel et J.-P. Penot. "Calcul sous-différentiel pour les fonctions lipschitziennes et non lipschitziennes". *C. R. Acad. Sci. Paris* Vol. 298 (1984), p. 269–272.

[M] B. Mordukhovich. *Variational Analysis and Generalized Differentiation*, I. Grundlehren der Mathematischen Wissenschaften 330, Springer Verlag, 2006.

[C] F.H. Clarke. "Generalized gradients and applications". *Trans. Amer. Math. Soc.* Vol. 205 (1975), p. 247–262.

[C] est le premier article publié (dans une revue) traitant de sous-différentiels généralisés (ou de gradients généralisés) au sens de Clarke. Les livres [C2] et [CLSW] contiennent les développements complets sur ce concept.
Parmi toutes les variantes, signalons celle de Michel et Penot ([MP]) :
  – La dérivée directionnelle généralisée au sens de Michel et Penot est définie (pour une fonction localement Lipschitz f) comme suit :

$$d \in E \mapsto f^{\spadesuit}(x;d) := \sup_{y \in E} \ \limsup_{t \to 0^+} \frac{f(x + t\,y + t\,d) - f(x + t\,y)}{t}$$

  – Le sous-différentiel généralisé qui s'ensuit est :

$$\partial^{mp} f(x) = \left\{ x^* \in E^* \mid \langle x^*, d^* \rangle \leq f^{\spadesuit}(x;d) \text{ pour tout } d \in E \right\}.$$

On a gagné un peu (par rapport à $\partial^{Cl} f(x)$) au sens où $\partial^{mp} f(x) = \{D_F f(x)\}$ quand f est différentiable en x, mais on a perdu par le fait que la multiapplication $\partial^{mp} : E \rightrightarrows E^*$ n'est pas "semicontinue extérieurement". Dans beaucoup d'applications, notamment celles concernant les fonctions valeurs propres, les deux notions coïncident ([HUL]).
Pour les fonctions s.c.i. à valeurs dans $\mathbb{R} \cup \{+\infty\}$, les sous-différentiels généralisés que nous avons abordés ($2^{\text{ème}}$ partie du chapitre) apparaissent parfois dans la littérature sous des noms différents. Les livres [RW] (pour un contexte de dimension finie) et [S] fourniront à l'étudiant-lecteur, s'il en a besoin, un panorama détaillé sur ces objets.
Enfin, une approche "par limites de sous-différentiels", initiée dès la fin des années 1970 par A.Y. Kruger et B.S. Mordukhovich, conduit à des objets (cônes normaux, sous-différentiels généralisés) qui ne sont pas nécessairement convexes. On y gagne en finesse (les concepts définis sont très précis) mais on perd la maniabilité fournie par la technologie de l'Analyse convexe. Le volumineux ouvrage [M] propose une présentation détaillée de cette approche.

Maintenant que le Cours est terminé, le lecteur-étudiant pourra se faire les dents sur des problèmes variationnels ou d'optimisation non résolus (ou non complètement résolus) à ce jour.
J.- B. HIRIART- URRUTY. "Potpourri of conjectures and open questions in nonlinear analysis and optimization". *SIAM Review* Vol. 49, 2 (2007), p. 255-273.

J.- B. HIRIART- URRUTY. "A new series of conjectures and open questions
in optimization and matrix analysis". *ESAIM : Control, Optimisation and
Calculus of Variations* (2009), p. 454-470.

Index

A

Addition parallèle de matrices définies
  positives, 93
Admissibilité ou faisabilité convexe, 65, 67
Approximation hilbertienne, 42, 49
Approximations successives de points fixes, 34

B

Biconjuguée d'une fonction
  voir Enveloppe convexe d'une fonction
Brachystochrone (problème variationnel), 21

C

Conditionnement d'une matrice définie
  positive, 130
Conditions d'optimalité
  en optimisation convexe, 115
  en optimisation non convexe, 108
Conditions d'optimalité asymptotiques
  du premier ordre, 83
  du deuxième ordre, 39
Conditions d'optimalité globale, 110, 121
Cône polaire, 68, 70, 71, 76, 81
Cône tangent à un convexe, 77
Cône tangent au sens de Clarke, 156
Cône normal à un convexe, 78, 102
Cône normal au sens de Clarke, 156

D

Décomposition de Moreau, 68, 72, 79
Dérivée directionnelle
  de la projection, 59
  d'une fonction convexe, 95
  généralisée, 142

Différence de fonctions convexes, 129
Différentiabilité
  au sens de Fréchet, 53
  au sens de Gâteaux, 54
  au sens de Hadamard, 54
Domaine d'une fonction, 86
Dualisation non convexe
  voir Schémas de dualité non convexe

E

Ensemble de sous-niveau d'une fonction
  définition, 3
Enveloppe convexe
  de la variété de Stieffel, 135
  des matrices de rang inférieurs à k, 135
Enveloppe convexe d'une fonction
  continuité, 122
  différentiabilité, 121
  comportement à l'infini, 123
  calcul numérique effectif, 123
Enveloppe s.c.i. d'une fonction, 5
Epigraphe d'une fonction
  définition, 5
  propriétés, 3, 86
Existence de minimiseurs
  théorème général, 1
  en optimisation àdonnées linéaires, 9
  en présence de convexité, 16

F

Fonction-barrière, 89
Fonction d'appui, 89
Fonction indicatrice d'un ensemble
  définition, 17
  propriétés, 88

J.-B. Hiriart-Urruty, *Bases, outils et principes pour l'analyse variationnelle*,   169
Mathématiques et Applications 70, DOI: 10.1007/978-3-642-30735-5,
© Springer-Verlag Berlin Heidelberg 2012

F (*cont.*)
Fonction convexe, 87
Fonction différence de convexes, 129
Fonction-distance, 42, 88
Fonction-distance signée, 44, 88
Fonction localement Lipschitz, 142
Fonction marginale, 88
Fonction propre, 88
Fonction valeurs propres, 89, 109, 135
Fonction variation totale (s.c.i.), 6

G
Géométrie non lisse, 156
Gradient
   de la fonction-distance, 42, 62
   de fonctions convexes, 71
Gradient généralisé au sens de Clarke
   voir Sous-différentiel généralisé

I
Inégalité
   de Massera-Schäffer, 17
   de Dunkl-Williams, 17
   de Milagranda, 17
   de Fenchel, 98
   d'Opial, 137
Inf-convolution, 91, 106

L
Longueur d'une courbe (s.c.i.), 6

M
Maximisation convexe sur un convexe, 130
Minimiseur approché, 25, 56
Minimiseurs de l'enveloppe convexe
Moindres carrés, 61
Multiapplication-projection, 42, 45, 47

N
Norme
   hilbertienne, 11
   duale, 11

P
Palais-Smale (condition), 56
Point critique (ou stationnaire), 125
Point T-critique, 133

Principe variationnel
   d'Ekeland, 26, 111
   de Borwein-Preiss, 37
   de Stegall, 53
Prolongements lipschitziens, 164
Projection
   sur un sous-espace vectoriel fermé, 60
   sur un convexe fermé, 62, 109
   sur un cône convexe fermé, 66

Q
Quasi-convexité, 87

R
Rang d'une matrice (s.c.i.), 6
Règle de Fermat asymptotique, 57
Régularisée s.c.i.
   voir Enveloppe s.c.i.
Régularisée d'une fonction convexe
   de Moreau-Yosida, 94, 112, 138
   avec le noyau norme, 94
Relaxation convexe, 118, 119, 136
   voir Enveloppe convexe d'une fonction

S
Schéma de dualitié convexe, 115
Schéma de dualité non convexe
   modèle convexe + quadratique, 124
   modèle diff-convexe, 129
Semicontinuité inférieure (s.c.i.)
   définition analytique, 3
   caractérisations géométriques, 3
   propriétés, 2
   enveloppe s.c.i., 4
Semicontinuité supérieure
   définition, 2
Séparabilité, 16
Sous-différentiel d'une fonction convexe
   définition et premiers exemples, 100
   propriétés basiques, 102
   maximalité, 105
   approché, 123
   différentiabilité, 105
   règles de calcul typiques, 105
Sous-différentiel généralisé
   au sens de Clarke, 144, 156
   au sens de Fréchet, 159
   au sens de viscosité, 160
   proximal, 160

T

Théorème de
  Banach-Alaoglu-Bourbaki, 15
  Clarke-Ekeland-Lasry, 125
  F. John, 153
  Karush-Kuhn-Tucker, 154
  Moreau, 74, 114
  Rademacher, 143
  de représentation de Riesz, 19
  Toland-Singer, 130
  Von Neumann, 65

  Weierstrass, 8
Topologie
  faible, 9
  faible-étoile, 14
Transformation de Legendre-Fenchel
  définition et premières propriétés, 95
  exemples, 94
  règles de calcul typiques, 99
  de la différence de fonctions convexes, 137